生物信息学实验指导

主编　樊龙江　叶楚玉
参编　褚琴洁　沈恩惠
　　　吴东亚　陈洪瑜
　　　　　　　孙砚青

科学出版社

北　京

内 容 简 介

　　生物信息学是一门应用性很强的学科，编者在多年从事生物信息学教学的基础上，根据生物学研究者最常见的需求或问题，设计了 10 个基础实验，目的是加深初学者对理论知识的理解，包括分子序列数据库、数据库序列搜索、多序列联配、系统发生树构建、序列拼接与基因预测、基因组可视化、蛋白质功能域及结构预测、非编码 microRNA 鉴定及其靶标预测、转录组分析、Python 基础及利用 Python 提取序列。这 10 个实验在个人电脑上即可完成，全部是通过在线服务或 Windows 版软件来实现，方便操作。

　　本书可作为生物信息学专业本科生的教材，也可供分子生物学等非生物信息学专业的研究生及科研工作者阅读、参考，可满足他们对生物信息基础数据处理的一些需求，而不需要去专门学习 Linux 系统、编程语言等。

图书在版编目（CIP）数据

生物信息学实验指导/樊龙江，叶楚玉主编. —北京：科学出版社，2022.6
　　ISBN 978-7-03-072304-8

　　Ⅰ. ①生… 　Ⅱ. ①樊… ②叶… 　Ⅲ. ①生物信息论－实验－高等学校－教学参考资料 　Ⅳ. ① Q811.4-33

　　中国版本图书馆CIP数据核字（2022）第085274号

责任编辑：张静秋 / 责任校对：宁辉彩
责任印制：赵　博 / 封面设计：蓝正设计

科 学 出 版 社 出版
北京东黄城根北街16号
邮政编码：100717
http://www.sciencep.com

北京富资园科技发展有限公司印刷
科学出版社发行　各地新华书店经销

*

2022 年 6 月第 一 版　开本：720×1000　1/16
2025 年 2 月第四次印刷　印张：8
字数：150 000

定价：29.80 元
（如有印装质量问题，我社负责调换）

前　言

生物信息学是一门研究生物信息的采集、处理、存储、传播、分析和解释等的学科，它通过综合利用分子生物学、遗传学、计算机科学、统计学等技术，揭示大量复杂的生物数据所赋有的生物学奥秘。我们处在一个激动人心的时代——基因组时代，许多新技术，如高通量测序技术（第二代、第三代）等，使得我们能从以前不可能企及的尺度和角度来观察生物学现象。在这个过程中伴随着数据的大量产生，而生物信息学就承担着解释这些数据的重要使命。生物信息学已成为当今生命科学研究最核心和最前沿的研究领域之一。

生物信息学是一门应用性很强的学科，我们学习了生物信息学的基础理论和方法后，重要的是能利用生物信息学方法解决生物学实际问题。反过来，通过利用这些方法或工具解决生物学问题，又提升了我们对于基础理论知识的认知。为此，编者根据生物学研究者最常见的需求或问题，在多年从事生物信息学教学的基础上，设计了10个基础实验，这10个实验在个人电脑上即可完成，全部是通过在线服务或Windows版软件来实现，目的是加深初学者对理论知识的理解，因此本书方便教学。同时，本书也适合从事分子生物学研究的非生物信息学专业者，满足其处理生物信息基础数据的一些需求，而不需要去专门学习Linux系统等。对于每一个实验，我们尽可能讲解当前主流或经典的方法或工具（包括在线分析平台），如维护了多年的在线分析网站、更新了多个版本的软件工具、在主流期刊发表的相关方法、连续发表的更新的版本等。

本书是樊龙江教授主编的《生物信息学（第二版）》（2021年于科学出版社出版，ISBN：9787030681010，相关教学材料可从主编实验室主页下载：http://ibi.zju.edu.cn/bioinplant）的配套实验教材，10个实验的相关内容在《生物信息学（第二版）》的相关章节中都有所涉及，读者可以对照理解和参考：实验1，熟悉分子序列数据库，对应第3章（第一、二节）；实验2，掌握BLAST等数据库序列搜索，对应第4章（第三节）；实验3，掌握多序列联配，对应第5章（第一节）；实验4，掌握系统发生树的构建，对应第6章（第一至三节）；实验5，了解序列拼接及基因注释，对应第7章（第二节）和第8章（第一节）；实验6，熟悉基因组可视化技术，对应第7章（第三节）；实验7，掌握蛋白质序列结构域的鉴定及结构预测，对应第5章（第二节）和第8章（第二、三节）；实验8，掌握非编码microRNA的鉴定及其靶标预测，对应第9章（第一节）；实验9，了解转录组RNA-Seq数据分析，对应第10章（第一节）；实验10，了解编程语言Python基础，对应第15章（第二节）。

樊龙江、叶楚玉主持编写本书，5位参编人员参与了部分实验的实际教学和相应内容的编写：褚琴洁参与实验9和实验10、沈恩惠参与实验8、吴东亚参与实验5、陈洪瑜参与实验6、孙砚青参与实验4。

本书仅列举了10个基础实验，要想从事专业的生物信息学工作，你可能需要熟悉Linux系统、掌握至少一门解释型语言（最好还掌握一门编译型语言）。编者希望本书对生物信息学初学者及本科生教学能有所帮助，对于相关实验，读者如果认为有更合适的方法、软件或数据库，或者需要新增不同的实验，欢迎联系编者（fanlj@zju.edu.cn），以便后续修订。

编　者

2022年4月

目　录

》实 验 1《

分子序列数据库记录格式与检索

蛋白质和核苷酸测序技术发明后带来了大量的分子序列数据，对这些数据进行有效管理（如存储、分类）就成为生物信息学的重要任务，因此各类分子数据库陆续建立。数据库由记录（entry）构成，每个数据库记录的格式不一，但通常包括两个部分：原始序列数据和描述这些序列的生物信息学注释。

分子数据库是生命科学数据信息库的集合，种类繁多，主要有核苷酸序列、蛋白质序列与结构初级数据库，以及基于初级数据库建立的二级数据库。GenBank、ENA和DDBJ是三个最著名的核苷酸序列数据库，属于初级数据库，分别由美国国家生物技术信息中心（National Center for Biotechnology Information，NCBI，http://www.ncbi.nlm.nih.gov/）、欧洲生物信息学研究所（European Bioinformatics Institute，EBI，http://www.ebi.ac.uk/）和日本DNA数据库（DNA Data Bank of Japan，DDBJ，http://www.ddbj.nig.ac.jp）维护。此外，各种基因组测序计划所产生的数据也是主要初级数据源，例如，包含不同物种基因组序列的Ensembl Genomes（https://ensemblgenomes.org/）、包含不同植物基因组序列的Phytozome（https://phytozome-next.jgi.doe.gov/），以及模式物种基因组数据库，如拟南芥基因组数据库TAIR（https://www.arabidopsis.org/）、酵母基因组数据库SGD（https://www.yeastgenome.org/）、人类基因组数据库UCSC Genome Browser（https://genome.ucsc.edu/）等。

Swiss-Prot和PIR是国际上两个主要的蛋白质序列数据库。Swiss-Prot主要由日内瓦大学医学生物化学系和EBI合作维护，TrEMBL也是一个蛋白质序列数据库，目前Swiss-Prot和TrEMBL已经合并为UniProKB数据库。2002年PIR与EBI和瑞士生物信息学研究所（Swiss Institute of Bioinformatics，SIB）共享数据资源，建立了通用蛋白质资源数据库UniProt（Universal Protein Resource，https://www.uniprot.org/），统一收集、管理、注释蛋白质序列数据。

蛋白质结构数据库主要可分为：①蛋白质结构分类数据库，如SCOP（https://scop.mrc-lmb.cam.ac.uk/）和CATH（https://www.cathdb.info/）；②实验测定蛋白质结构数据库，如PDB（https://www.rcsb.org/）。蛋白质功能域数据库主要包括PROSITE（https://prosite.expasy.org）、Pfam（https://pfam.xfam.org）、SMART（https://smart.embl-heidelberg.de）等，它们均属于InterPro（https://www.ebi.ac.uk/interpro）功能域联盟。

基因组序列等遗传信息数据是国家安全的重要战略资源。多年来我国专家学者一直呼吁成立中国自己的生物信息数据库，国家基因组科学数据中心（National Genomics Data Center，NGDC，https://ngdc.cncb.ac.cn/）应运而生，其以中国科学院北京基因组研究所（国家生物信息中心）为依托单位，联合中国科学院生物物理研究所和中国科学院上海营养与健康研究所共同建设。该数据中心面向我国人口健康和社会可持续发展的重大战略需求，建立生命健康组学大数据存储、整合与挖掘分析研究体系，研发生物多样性与健康大数据交汇、应用与共享平台，发展大数据系统解析与转化应用的新技术和新方法，建设支撑我国生命科学发展、国际知名的基因组科学数据中心。目前，该数据库已被众多主流国际期刊认可。

一、实验目的

本实验以GenBank数据库和拟南芥基因组数据库TAIR为例，从记录格式和数据库关键词检索等方面介绍初级数据库。要求掌握常用数据库的一般检索方法及具备获得信息的能力，熟悉常用分子数据记录格式。

二、数据库、软件和数据

（一）数据库与软件

GenBank（http://www.ncbi.nlm.nih.gov/）、TAIR（https://www.arabidopsis.org/）、文本编辑软件UltraEdit（http://www.ultraedit.com/）、格式转换软件Seqret（https://www.ebi.ac.uk/Tools/sfc/emboss_seqret/）。

（二）数据

GenBank记录EF069996、TAIR数据库*NHX*基因。

三、实验内容

（一）NCBI数据库检索

NCBI数据库信息十分丰富，包含30余种数据库，大体上可以分为六大类：文献书籍（"Literature"）、基因（"Genes"）、蛋白质（"Proteins"）、基因组（"Genomes"）、临床（"Clinical"）和生化代谢（"PubChem"）相关信息（图1.1）。例如，常用的PubMed是免费的文献搜索数据库，Taxonomy为物种分类信息，Nucleotide收录核苷酸数据，Assembly是基因组的拼接组装，SRA（sequence read archive）收录高通量测序仪产生的序列。近些年，在涉及高通量数据的文献中经常看到的NCBI记录号是BioProject，BioProject以某一个实验项目或设计为单元，

图1.1　NCBI数据库

A. 主界面；B. 以"Oryza sativa"为关键字搜索获得的记录

收录该项目所产生的数据，这些数据可以是不同类型，这样用户进入 BioProject 记录，即可以追踪至该项目产生的所有数据（如 BioSample、SRA、Assembly 等）。

在检索框中输入关键字搜索，即获得所有数据库中包含该关键字的记录，如图 1.1B 所示为以 "Oryza sativa" 为关键字的搜索结果（2022 年 3 月 20 日）。点击每一个数据库，可查看该数据库中的所有记录，例如，Nucleotide 数据中收录了近300 万条包含 "Oryza sativa" 的记录，这些记录包括不同种类（如 DNA、RNA）、不同来源（如 EST、GSS 等）的数据。获得该结果的另一种方法是在 NCBI 主界面（图 1.1A）"All Databases" 中选择 Nucleotide 数据库，以 "Oryza sativa" 为关键字进行搜索。

上述搜索结果仅表示包含该关键字的所有记录。如果需要获得来自水稻（*Oryza sativa*）这个物种中的所有核苷酸序列记录，则可以用 "Oryza sativa [Organism]" 搜索（图 1.2A），或者使用高级搜索 "Advanced" 模式（图 1.2B）。

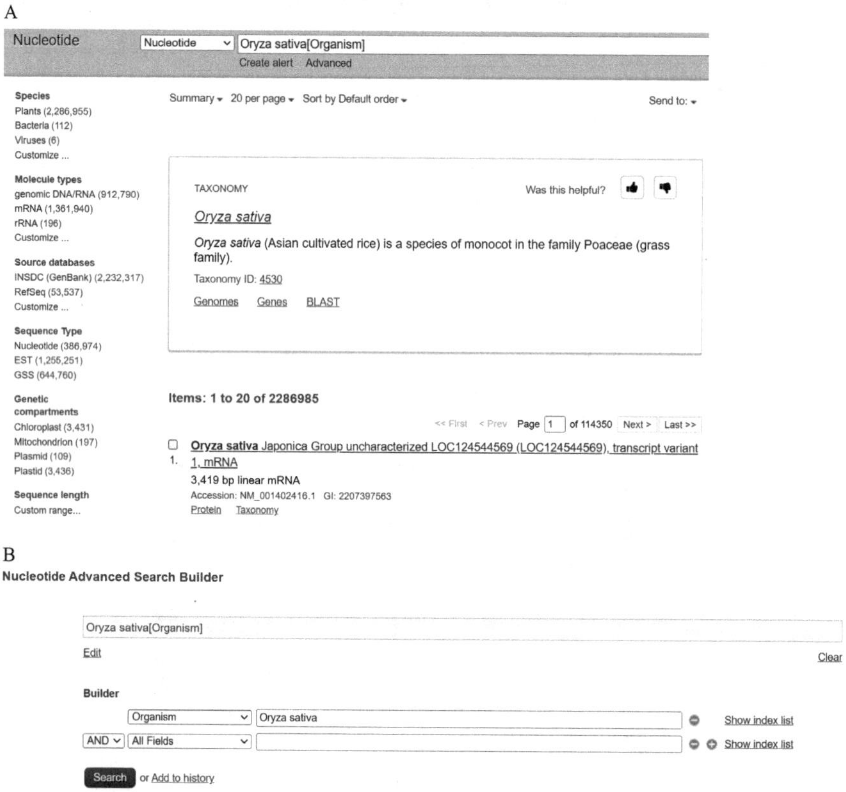

图 1.2　NCBI 数据库中来自水稻（*Oryza sativa*）的核苷酸序列记录

A. 以 "Oryza sativa [Organism]" 为关键字搜索；B. 使用 "Advanced" 模式搜索

当然，用户也可以根据自己需求对关键字进行不同限定。例如，想获得来自水稻中的所有长度为100~200碱基的核苷酸序列记录，则可以使用关键字"Oryza sativa［Organism］AND 100：200［Sequence Length］"，或者使用"Advanced"模式，限定物种Organism（关键字"Oryza sativa"）和长度Sequence Length（关键字"100：200"）。

（二）NCBI序列记录格式及其转换

GenBank数据库主要采用的是Flat File格式，如图1.3所示。其特点为易被计算机读取且注释信息容易识别，一般分为三个部分，依次为描述部分、注释部分及序列部分。

```
LOCUS       EF069996                536 bp    DNA     linear   PLN 14-JUL-2016
DEFINITION  Oryza sativa (japonica cultivar-group) strain IRGC seed accession
            no. Nipponbare granule-bound starch synthase (waxy) gene, partial
            cds.
ACCESSION   EF069996
VERSION     EF069996.1
KEYWORDS    .
SOURCE      Oryza sativa Japonica Group (Japanese rice)
  ORGANISM  Oryza sativa Japonica Group
            Eukaryota; Viridiplantae; Streptophyta; Embryophyta; Tracheophyta;
            Spermatophyta; Magnoliopsida; Liliopsida; Poales; Poaceae; BOP
            clade; Oryzoideae; Oryzeae; Oryzinae; Oryza; Oryza sativa.
REFERENCE   1  (bases 1 to 536)
  AUTHORS   Zhu,Q., Zheng,X., Luo,J., Gaut,B.S. and Ge,S.
  TITLE     Multilocus analysis of nucleotide variation of Oryza sativa and its
            wild relatives: severe bottleneck during domestication of rice
  JOURNAL   Mol. Biol. Evol. 24 (3), 875-888 (2007)
  PUBMED    17218640
REFERENCE   2  (bases 1 to 536)
  AUTHORS   Zhu,Q.-H., Zheng,X.-M., Luo,J.-C., Gaut,B.S. and Ge,S.
  TITLE     Direct Submission
  JOURNAL   Submitted (18-OCT-2006) Laboratory of Systematic and Evolutionary
            Botany, Institute of Botany, The Chinese Academy of Sciences,
            Xiangshan, Nanxincun 20, Beijing, Beijing 100093, China
FEATURES             Location/Qualifiers
     source          1..536
                     /organism="Oryza sativa Japonica Group"
                     /mol_type="genomic DNA"
                     /strain="IRGC seed accession no. Nipponbare"
                     /db_xref="taxon:39947"
                     /country="Japan"
     gene            <1..>536
                     /gene="waxy"
     mRNA            join(<1..74,432..>536)
                     /gene="waxy"
                     /product="granule-bound starch synthase"
     CDS             join(<1..74,432..>536)
                     /gene="waxy"
                     /codon_start=3
                     /product="granule-bound starch synthase"
                     /protein_id="ABK33399.1"
                     /translation="IKVVGTPAYEEMVRNCMNQDLSWKGPAKNWENVLLGLGVAGSAP
                     GIEGDEIAPLAKENV"
ORIGIN
        1 ccatcaaggt cgtcggcacg ccggcgtacg aggagatggt caggaactgc atgaaccagg
       61 acctctcctg gaaggtataa attacgaaac aaatttaacc caaacatata ctatatactc
      121 cctccgcttc taaatattca acgccgttgt cttttttaaa tatgtttgac cattcgtctt
      181 attaaaaaaa ttaaataatt ataaattctt ttcctatcat ttgattcatt gttaaatata
      241 cttatatgta tacatatagt tttacatatt tcataaaatt ttttgaacaa gacgaacggt
      301 caaacatgtg ctaaaaagtt aacggtgtcg aatattcaga aacggagtga gtataaacgt
      361 cttgttcaga agttcagaga ttcacctgtc tgatgctgat gatgattaat tgtttgcaac
      421 atggatttca gggggcctgcg aagaactgtg agaatgtgct cctgggcctg ggcgtcgccg
      481 gcagccgcgcc ggggatcgaa ggcgacgaga tcgcgccgct cgccaaggag aacgtg
```

图1.3　GeneBank的Flat File格式示例（记录号EF069996）

FASTA格式是用于存储DNA和蛋白质序列的最简明的方法。FASTA格式第一行为描述行，以一个大于符号">"开始，接着是序列标示符及相关描述，几乎可以是任意字符。所有描述信息必须在第一行完成，然后第二行及之后为序列行，可为碱基或者氨基酸序列。如下所示为GenBank记录号EF069996的FASTA格式：

```
>EF069996.1 Oryza sativa (japonica cultivar-group) strain IRGC seed accession
no. Nipponbare granule-bound starch synthase (waxy) gene, partial cds
CCATCAAGGTCGTCGGCACGCCGGCGTACGAGGAGATGGTCAGGAACT
GCATGAACCAGGACCTCTCCTGGAAGGTATAAATTACGAAACAAATTTA
ACCCAAACATATACTATATACTCCCTCCGCTTCTAAATATTCAACGCCGTT
GTCTTTTTTAAATATGTTTGACCATTCGTCTTATTAAAAAAATTAAATAAT
TATAAATTCTTTTCCTATCATTTGATTCATTGTTAAATATACTTATATGTATA
CATATAGTTTTACATATTTCATAAAATTTTTTGAACAAGACGAACGGTCA
AACATGTGCTAAAAAGTTAACGGTGTCGAATATTCAGAAACGGAGGGA
GTATAAACGTCTTGTTCAGAAGTTCAGAGATTCACCTGTCTGATGCTGAT
GATGATTAATTGTTTGCAACATGGATTTCAGGGGCCTGCGAAGAACTGG
GAGAATGTGCTCCTGGGCCTGGGCGTCGCCGGCAGCGCGCCGGGGATC
GAAGGCGACGAGATCGCGCCGCTCGCCAAGGAGAACGTG
```

可以利用文本编辑器进行序列格式间的转换。目前有不少序列格式转换的软件，如Seqret（图1.4）。Seqret提供了50余种不同格式之间的转换。此外，对于Genbank数据库，每条记录页面也提供了Genbank和FASTA两种格式的显示（图1.5）。

（三）NCBI记录下载

对于检索到的序列记录，NCBI数据库界面提供了下载功能。如图1.5所示，右上方箭头指示的"Send to"可将所选记录下载：可以选择下载至本地文件，并选择不同格式（如Genbank或FASTA）。

此外，当需要下载成百上千条序列时，可以利用Batch Entrez功能（https://www.ncbi.nlm.nih.gov/sites/batchentrez）。只需上传一个文本文件，该文件包含一个列表（即用户需要下载的记录），可以是Accession号、Gi号，或是NCBI里其他数据库的各种标识符，点击"Retrieve"即可（图1.6）。对于更大数据量的下载，NCBI提供了FTP下载或者利用Aspera软件高速下载。

EMBOSS Seqret

EMBOSS Seqret reads and writes (returns) sequences. It is useful for a variety of tasks, including extracting sequences from databases, displaying sequences, reformatting sequences, producing the reverse complement of a sequence, extracting fragments of a sequence, sequence case conversion or any combination of the above functions.

STEP 1 - Enter your input sequence

Enter or paste a set of

```
DNA                                                                                    ▼
```

sequences in any supported format:

Or, upload a file: 选择文件 未选择文件　　　　　　　　　　Use a example sequence | Clear sequence | See more example Inputs

STEP 2 - Select Parameters

INPUT FORMAT

```
Unknown format                     ▼
```

OUTPUT FORMAT

```
Genbank entry format               ▼
```

The default settings will fulfill the needs of most users.

More options... *(Click here, if you want to view or change the default settings.)*

STEP 3 - Submit your job

☐ Be notified by email *(Tick this box if you want to be notified by email when the results are available)*

Submit

图1.4　Seqret序列格式转换主界面

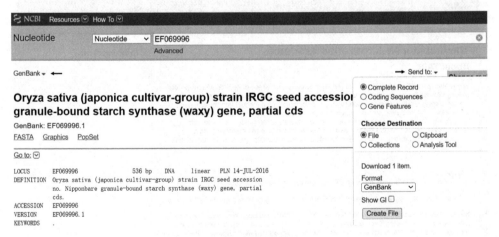

图1.5　GenBank记录号EF069996

页面左上方箭头指示GenBank和FASTA序列格式转换；右上方箭头指示序列下载

Batch Entrez

Given a file of Entrez accession numbers or other identifiers, Batch Entrez downloads the corresponding records.

图1.6　NCBI的Batch Entrez批量提取界面

（四）TAIR数据库

基因组测序计划产生了大量分子数据，因此很多物种都有其相应的基因组数据库，这样便于该物种相关研究人员充分利用这些数据。下文以拟南芥（*Arabidopsis thaliana*）基因组数据库TAIR（图1.7）为例进行介绍。拟南芥是第一个被基因组测序的植物，同时也是植物分子生物学研究的最重要模式植物之一，TAIR数据库具有非常丰富的数据资源，是植物科学研究人员经常访问的数据库之一。

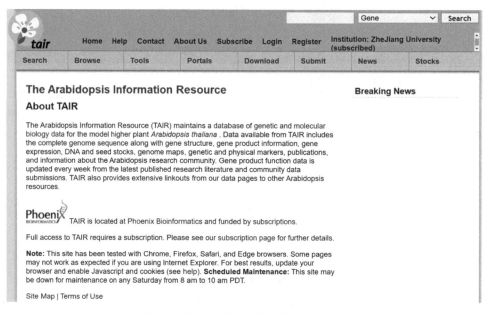

图1.7　拟南芥基因组数据库TAIR主页

TAIR主页提供了检索功能，可以检索基因、蛋白质、克隆、标记、载体等信息，输入关键词后，会出现与关键词相关的所有结果。例如，输入"NHX"搜索基因，则出现9个基因位点（图1.8A），只要包含"NHX"这个关键字的基因都会出现，实际上其中第5个基因并非*NHX*基因。如果想要进一步获得基因名为*NHX*的基因，可以点击"new search"，进行多种不同条件的限定搜索，如"Gene name"选项限定为"NHX"（图1.8B），则获得8个基因位点，这些基因均是*NHX*基因。

　　对于搜索得到的结果可以进行序列下载：勾选相应基因位点，点击"get checked sequences"（图1.8A），则进入批量下载序列功能（"Sequence Bulk Download"）页面（图1.9）。下载的序列包括转录本（transcript）、编码序列（coding sequence）、该基因的基因组序列（genomic sequence）、蛋白质序列、5′/3′非翻译区（UTR）、不同长度的上游/下游基因组序列（upstream/downstream sequence）、基因间区序列（intergenic sequence）及内含子序列（intron sequence）。也可以直接从TAIR主页进入"Tools"功能，选择"Bulk Data Retrieval-Sequence"，输入目标基因ID即可批量下载。

　　对于搜索得到的结果可以点击进入查看每条记录，如本例中的第1个记录AT1G14660（图1.8A），TAIR数据库对于每个基因均提供了非常详尽的信息描述，包括基本描述（常用名、功能等）、GO（基因本体，gene ontology）注释、核苷酸和蛋白质序列、基因表达、同源基因、基因家族、突变体、收录该基因的其他相关数据库（基因表达、蛋白质组、基因家族、互作等）、与该基因相关的文献等（详见https://www.arabidopsis.org/servlets/TairObject?id=26615&type=locus，以AT1G14660为例）。

　　基因组数据库中有一个常用格式，即为基因组注释所用的GFF（general feature format）文件。GFF格式有几个版本，目前常用的是GFF3。GFF文件的第一行通常为"##gff-version 3"或"##gff-3"，分为9列。图1.10所示为拟南芥基因组GFF文件的一部分：第1列为染色体，第2列为注释信息来源（此处即为基因组版本），第3列为注释的类型（如exon、CDS、gene等），第4列为起始位置，第5列为终止位置，第6列为得分（如序列相似度，若无则用"."代替），第7列为该行注释类型所在链（"+"表示正链，"－"表示负链），第8列为相位（与蛋白质编码相关，一般是用于CDS或可编码的exon，表示编码时阅读框的移动相位），第9列表示附属关系（可以添加对该行注释更多的描述）。

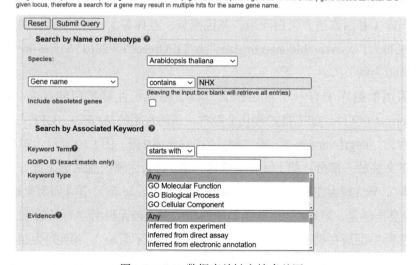

图1.8　TAIR数据库关键字搜索基因

A. 在TAIR主页以"NHX"为关键字搜索基因；B. 添加限定条件进一步搜索

Sequences

Locus/Gene Model Identifiers or Sequences:	AT5G55470 AT1G14660 AT1G79610 AT2G01980 AT3G05030 AT3G06370 AT1G54370 AT5G27150

Upload file:　选择文件 未选择文件

Dataset:　Araport11 transcripts ▼

Search Against:
- ◉ Get one sequence per locus (representative gene model/splice form only)
- ○ Get sequences for all gene models/splice forms
- ○ Get sequences for only the gene model/splice form matching my query

Output Options:

Select output format:
- ◉ Fasta
- ○ Tab-delimited text (format: id tab description tab sequence)

重置　Get Sequences

图 1.9　TAIR 数据库批量下载基因序列

```
##gff-3
Chr1    Araport11   exon    6788    7069    .   -   .   ID=AT1G01020:exon:14;Parent=AT1G01020.2;Name=AT1G01020:exon:14
Chr1    Araport11   exon    6788    7069    .   -   .   ID=AT1G01020:exon:14;Parent=AT1G01020.6;Name=AT1G01020:exon:14
Chr1    Araport11   exon    6788    7069    .   -   .   ID=AT1G01020:exon:14;Parent=AT1G01020.1;Name=AT1G01020:exon:14
Chr1    Araport11   exon    6788    7069    .   -   .   ID=AT1G01020:exon:14;Parent=AT1G01020.5;Name=AT1G01020:exon:14
Chr1    Araport11   exon    6788    7069    .   -   .   ID=AT1G01020:exon:14;Parent=AT1G01020.5;Name=AT1G01020:exon:14
Chr1    Araport11   exon    6788    7069    .   -   .   ID=AT1G01020:exon:14;Parent=AT1G01020.3;Name=AT1G01020:exon:14
Chr1    Araport11   CDS 6915    7069    .   -   2   ID=AT1G01020:CDS:12;Parent=AT1G01020.1;Name=ARV1:CDS:12
Chr1    Araport11   CDS 6915    7069    .   -   2   ID=AT1G01020:CDS:12.1;Parent=AT1G01020.4;Name=ARV1:CDS:12
Chr1    Araport11   CDS 6915    7069    .   -   2   ID=AT1G01020:CDS:12.2;Parent=AT1G01020.5;Name=ARV1:CDS:12
Chr1    Araport11   CDS 6915    7069    .   -   2   ID=AT1G01020:CDS:12.3;Parent=AT1G01020.3;Name=ARV1:CDS:12
Chr1    Araport11   protein 6915    8419    .   -   .   ID=AT1G01020.5-Protein;Name=AT1G01020.5;Derives_from=AT1G01020.5
Chr1    Araport11   protein 6915    8442    .   -   .   ID=AT1G01020.4-Protein;Name=AT1G01020.4;Derives_from=AT1G01020.4
Chr1    Araport11   protein 6915    8442    .   -   .   ID=AT1G01020.3-Protein;Name=AT1G01020.3;Derives_from=AT1G01020.3
Chr1    Araport11   protein 6915    8666    .   -   .   ID=AT1G01020.1-Protein;Name=AT1G01020.1;Derives_from=AT1G01020.1
Chr1    Araport11   exon    7157    7450    .   -   .   ID=AT1G01020:exon:12;Parent=AT1G01020.2;Name=AT1G01020:exon:12
Chr1    Araport11   exon    7157    7450    .   -   .   ID=AT1G01020:exon:12;Parent=AT1G01020.6;Name=AT1G01020:exon:12
Chr1    Araport11   CDS 7157    7232    .   -   0   ID=AT1G01020:CDS:11;Parent=AT1G01020.1;Name=ARV1:CDS:11
Chr1    Araport11   CDS 7157    7232    .   -   0   ID=AT1G01020:CDS:11.1;Parent=AT1G01020.4;Name=ARV1:CDS:11
Chr1    Araport11   CDS 7157    7232    .   -   0   ID=AT1G01020:CDS:11.2;Parent=AT1G01020.5;Name=ARV1:CDS:11
Chr1    Araport11   CDS 7157    7232    .   -   0   ID=AT1G01020:CDS:11.3;Parent=AT1G01020.3;Name=ARV1:CDS:11
Chr1    Araport11   exon    7157    7232    .   -   .   ID=AT1G01020:exon:13;Parent=AT1G01020.1;Name=AT1G01020:exon:13
Chr1    Araport11   exon    7157    7232    .   -   .   ID=AT1G01020:exon:13;Parent=AT1G01020.4;Name=AT1G01020:exon:13
Chr1    Araport11   exon    7157    7232    .   -   .   ID=AT1G01020:exon:13;Parent=AT1G01020.5;Name=AT1G01020:exon:13
Chr1    Araport11   exon    7157    7232    .   -   .   ID=AT1G01020:exon:13;Parent=AT1G01020.3;Name=AT1G01020:exon:13
```

图 1.10　基因组注释文件 GFF 格式

四、问题与讨论

1. 从 GenBank 中检索一条核苷酸序列（记录号 X61622），下载保存为 GenBank

格式。确定其编码区和蛋白质序列。利用Seqret将其转化为FASTA格式。

2．了解NCBI整个数据库的构成。

3．从TAIR数据库中下载拟南芥基因组所有基因的蛋白质序列，并以UltraEdit打开查看。

4．熟悉我国国家基因组科学数据中心（NGDC）。

≫ 实 验 2 ≪

数据库序列搜索

通过双序列比对，找到数据库中与目标序列相似的其他序列，是生物信息学中常用的分析。序列相似，通常意味着功能相似。搜索相似序列有利于推测目标序列的功能，寻找同源序列，分析目标序列进化演变的规律。

由于数据库中包含大量序列（如GenBank），在数据库中搜索相似序列就会面对大量的两条序列间的比对，因此运算时间变得非常重要。BLAST（basic local alignment search tool）是目前应用最为广泛的用于数据库搜索的算法。与Smith-Waterman算法类似，BLAST算法同样是利用动态规划算法，其不同之处是引入了"词"或"字符串"（word或K-tuple）的检索技术。例如，对于序列TGCGGA，以3个碱基长度的字符串为例，则包含4个字符串：TGC、GCG、CGG、GGA。为了降低比对时间，BLAST算法的一个重要手段是建立序列数据库的字符串检索系统，即将数据库中所有序列所包含的不同长度字符串进行扫描，建立索引，如常见的11个碱基长度的DNA和3个氨基酸长度的蛋白质字符串。当对查询序列（query sequence）进行数据库搜索比对时，首先对待检索序列进行扫描，确定其包含的所有特定长度字符串，然后进行实际数据库搜索时，仅对包含相同字符串的数据库序列进行进一步比对。通常这些具有相同字符串的序列仅占整个数据库序列的很小一部分，这样就节省了大量比对时间。随后基于匹配上的字符串，分别向两端延伸，序列延伸算法基于动态规划算法。常规的BLAST算法包括BLASTN、BLASTP、BLASTX、TBLASTN、TBLASTX（表2.1）。

根据不同需求，研究人员研发了其他多种不同的BLAST搜索方法，如PSI-BLAST、MegaBLAST等。PSI-BLAST使用一种循环搜索策略，即利用初次BLASTP搜索结果，临时构建一个新的计分矩阵（position-specific scoring matrix，PSSM），然后利用新的PSSM搜索数据库，获得结果后再构建PSSM，如此循环

表 2.1　常规的 BLAST 算法

BLAST 程序	描述	查询序列	数据库序列
BLASTN	在核苷酸序列数据库中搜索与递交的核苷酸序列相似的序列	核酸	核酸
BLASTP	在蛋白质序列数据库中搜索与递交的蛋白质序列相似的序列	蛋白质	蛋白质
BLASTX	将查询序列 6 框翻译成蛋白质序列后搜索蛋白质序列数据库	核酸	蛋白质
TBLASTN	递交的蛋白质序列比对搜索数据库中核酸序列（6 框翻译成蛋白质序列）	蛋白质	核酸
TBLASTX	递交的核苷酸序列（6 框翻译蛋白质序列）比对搜索核苷酸序列数据库（6 框翻译成蛋白质序列）	核酸	核酸

往复，直至搜索结果不再变化为止。MegaBLAST 相较于 BLASTN，是一种更为快速的搜索方式，但是只适用于序列特别相似的情况，或者用来鉴定数据库是否存在某条核酸序列。

在数据量不断增加的情况下，特别是要将表达序列（如 EST）比对至基因组时，BLAST 一方面处理速度仍然不能满足需求，另一方面无法表示包含内含子的基因位置信息。BLAT（BLAST-like alignment tool）应运而生。相较于 BLAST，BLAT 处理速度明显大增，同时适用于将转录本比对至基因组以确定其在基因组的位置（包括外显子和内含子）。

HMMER 是一种不同于 BLAST 算法的数据库搜索工具，它是基于隐马尔可夫模型（hidden Markov model）的概型（profile）。相较于 BLAST，HMMER 更为精准，可以搜索到同源性较差的序列。除了本地版软件包，HMMER 研发者也与欧洲生物信息学研究所（EBI）合作提供了在线分析版本（https://www.ebi.ac.uk/Tools/hmmer/），该搜索目前提供了 4 种功能：phmmer 是单条蛋白质序列对蛋白质序列数据库的搜索；hmmscan 是单条蛋白质序列对蛋白质功能域 HMM 概型数据库（如 Pfam）的搜索；hmmsearch 是一个多序列联配结果或 HMM 概型对蛋白质序列数据库的搜索；jackhmmer 是单条蛋白质序列或一个多序列联配结果或 HMM 概型对蛋白质序列数据库的迭代搜索。

一、实验目的

本实验要求掌握 BLAST 搜索方法、BLAST 的参数设置及 BLAST 结果分析；了解 BLAT 和 HMMER 在线搜索方法。

二、数据库、软件和数据

（一）数据库与软件

NCBI BLAST在线搜索（https://blast.ncbi.nlm.nih.gov/Blast.cgi）、BLAST软件包（https://ftp.ncbi.nlm.nih.gov/blast/executables/blast＋/）、BLAT在线搜索（https://genome.ucsc.edu）、HMMER在线搜索（https://www.ebi.ac.uk/Tools/hmmer/）、文本编辑软件UltraEdit（http://www.ultraedit.com/）。

（二）数据

NCBI记录BT007329、AAP35993、QLE11197、QLE11198、QLE11199、QLE11200、AEE34163、AED92481、NM_014218。

三、实验内容

（一）NCBI BLAST在线搜索

BLAST应用十分广泛，几乎每一个分子序列数据库都设置有BLAST在线搜索功能，下文以NCBI BLAST在线搜索为例进行介绍（图2.1）。

第1步：提交用户的查询序列（enter query sequence）。可以是FASTA格式的序列，也可以是NCBI记录号（Accession号或GI号）。同时根据需要，可以选择不同区域（query subrange）进行搜索。

第2步：选择拟进行搜索比对的数据库（choose search set）。NCBI提供了不同数据库，其中最著名的是非冗余（non-redundant，nr）核酸/蛋白质序列数据库，该数据库包含了GenBank、ENA、DDBJ、PDB、RefSeq序列（不包括EST、WGS等序列），并去除了冗余。此外还有RefSeq，其是一类通过校正的提供参考序列的数据库，也是非冗余的。对于核酸序列数据库，还包括表达序列标签（EST）、高通量测序序列（SRA）、基因组调查序列（GSS）等；对于蛋白质序列数据库，还包括Swiss-Prot等。用户也可以根据需求，输入拟比对的特定物种，最多可以选择20个，同样也可以去除不需要比对的特定物种。对于以核酸序列为数据库的BLASTN、TBLASTN、TBLASTX搜索，"Entrez Query"选项可以

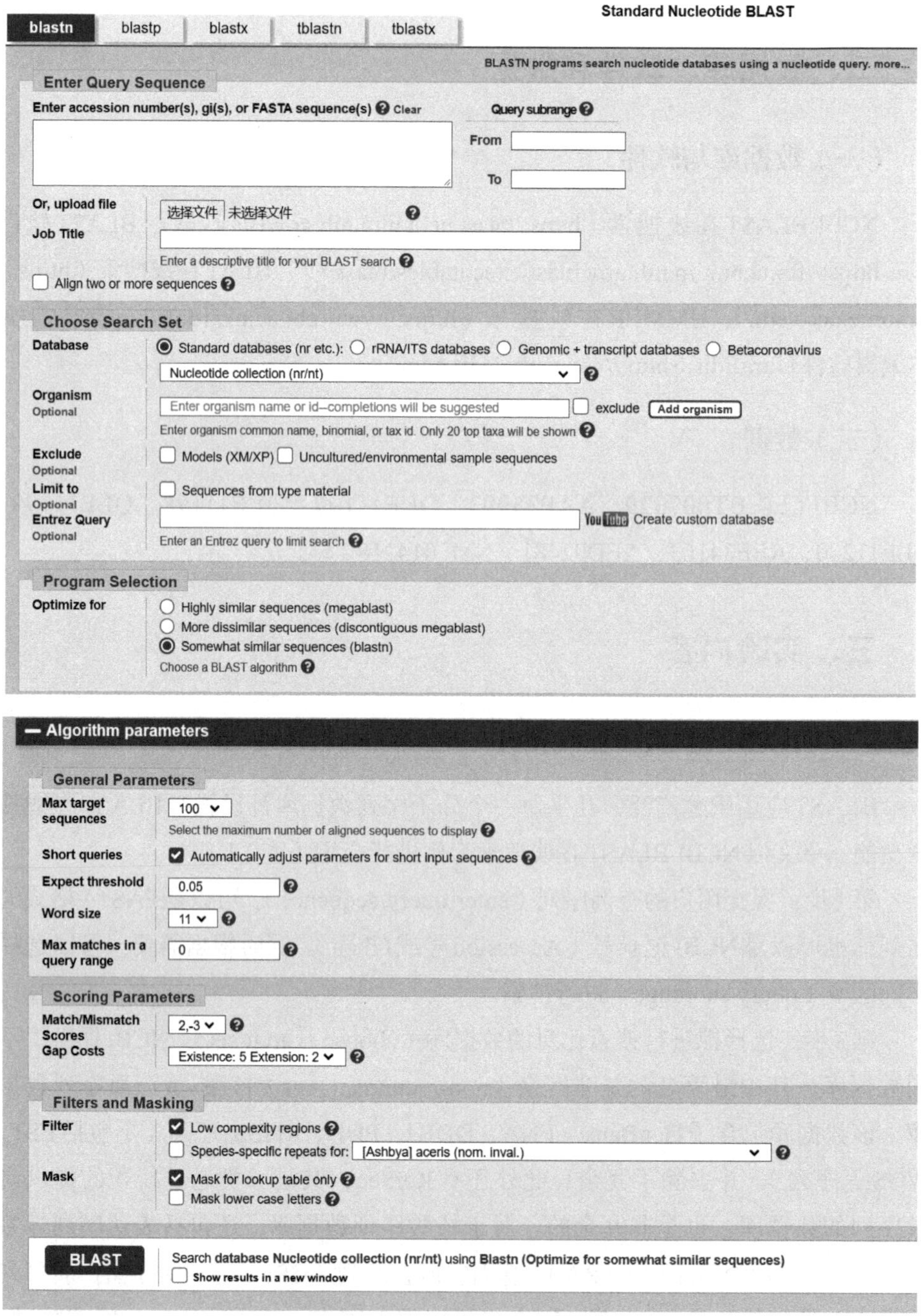

图2.1 NCBI BLAST搜索界面

对拟比对的序列给出限定，如输入"1000：2000［slen］"，则表示仅比对长度为1000～2000nt的核酸序列。

第3步：选择不同程序（program selection）。这一步仅针对BLASTN和BLASTP。BLASTN搜索中提供了MegaBLAST、discontiguous MegaBLAST和常规BLASTN，默认选项是MegaBLAST。MegaBLAST运算最为快速，但只适于搜索极为相似的序列（相同碱基达95%以上）；discontiguous MegaBLAST可以搜索较为相似的序列；常规BLASTN速度最慢，相较于前两者，可以搜索到相似度不高的序列。对于BLASTP，包括快速的Quick BLASTP（适于搜索相同碱基达50%以上）、基于PSSM迭代搜索的PSI-BLAST（可搜索远源蛋白质序列）、PHI-BLAST［搜索具有特定模式（pattern）的蛋白质序列（需要自行输入pattern）］及DELTA-BLAST（基于保守结构域结果构建PSSM）。

第4步：设定参数（algorithm parameter）。E值（E-value）是BLAST搜索时常需要设置的参数，E值越低、越接近零则标准越严格，即搜索结果将会越少，结果序列的相似性与查询序列越高。另外字长（word size）也是较为重要的参数，常规BLASTN默认的字长为11，最低可以到7，而MegaBLAST仅可以设置到16。常规BLASTP默认的字长为6，最低可以到2。一般来说，默认参数即可满足要求，但有时需根据情况调整字长。例如，查询序列为引物或更短的序列，BLASTN搜索时，字长可以设置为最低。

图2.2所示是查询序列为GenBank记录BT007329、所有参数均为默认的BLASTN搜索结果。在NCBI BLAST在线搜索结果页面，可以进一步按照物种等信息重新筛选（图2.2A）。搜索结果的每条序列称为hit，一般排序第一的为最佳匹配（best hit），本例中排序第一的是该查询序列本身（因为查询序列本身来自GenBank数据库）。对于搜索结果（hit），提供下载功能（"Download"），可以下载它们的序列（或者联配区域的序列）。搜索结果中可以查看两条序列的联配情况（图2.2B）。

搜索结果中的几个指标值需要了解清楚：①E值反映序列相似性的统计推断，这一数值越接近零，表示发生这一随机事件的可能性越小，详见编者《生物信息学（第二版）》第4章第三节或参考https://www.ncbi.nlm.nih.gov/BLAST/tutorial/Altschul-1.html。不能简单地理解达到多小值的E值就表示序列相似（尽管经验上对于同源序列或基因家族鉴定，E值会有一定的参考标准），E值本身与查询序列的长度、目标序列的长度及数据库的大小都有关。②score值也是一

A

Job Title	BT007329.1 Homo sapiens chemokine (C-C motif)...
RID	3JKPPXAR016 *Search expires on 03-23 12:21 pm* Download All ✓
Program	BLASTN ❓ Citation ✓
Database	nt See details ✓
Query ID	lcl|Query_1449
Description	BT007329.1 Homo sapiens chemokine (C-C motif) ligand ...
Molecule type	dna
Query Length	300
Other reports	Distance tree of results MSA viewer ❓

Filter Results

Organism *only top 20 will appear*   ☐ exclude

Type common name, binomial, taxid or group name

➕ Add organism

Percent Identity	E value	Query Coverage
___ to ___	___ to ___	___ to ___

Filter   Reset

[Descriptions] Graphic Summary Alignments Taxonomy

Sequences producing significant alignments

Download ✓   Select columns ✓   Show 100 ✓ ❓

☑ select all 100 sequences selected   GenBank Graphics Distance tree of results MSA Viewer

Description	Scientific Name	Max Score	Total Score	Query Cover	E value	Per. Ident	Acc. Len	Accession
Homo sapiens chemokine (C-C motif) ligand 2 mRNA, complete cds	Homo sapiens	555	555	100%	1e-153	100.00%	300	BT007329.1
Synthetic construct Homo sapiens clone IMAGE:100006330: FLH163971.01X: RZPDo839D02250D che...	synthetic constr...	549	549	100%	7e-152	99.67%	340	EU176175.1
Homo sapiens C-C motif chemokine ligand 2 (CCL2), mRNA	Homo sapiens	545	545	99%	9e-151	99.66%	741	NM_002982.4
Human ORFeome Gateway entry vector pENTR223-CCL2, complete sequence	Human ORFeo...	545	545	99%	9e-151	99.66%	3087	LT733130.1
Synthetic construct Homo sapiens clone ccsbBroadEn_01495 CCL2 gene, encodes complete protein	synthetic constr...	545	545	99%	9e-151	99.66%	429	KJ892101.1
Synthetic construct Homo sapiens gateway clone IMAGE:100016651 5' read CCL2 mRNA	synthetic constr...	545	545	99%	9e-151	99.66%	1333	CU679461.1
Synthetic construct Homo sapiens clone IMAGE:100008185: FLH163964.01L: RZPDo839B04161D che...	synthetic constr...	545	545	99%	9e-151	99.66%	340	DQ893725.2
Synthetic construct Homo sapiens chemokine (C-C motif) ligand 2 mRNA, partial cds	synthetic constr...	545	545	99%	9e-151	99.66%	300	BT007880.1
monocyte chemoattractant protein-1 [human, mRNA, 739 nt]	Homo sapiens	545	545	99%	9e-151	99.66%	739	S71513.1
Synthetic construct Homo sapiens clone FLH054100.01X chemokine (C-C motif) ligand 2 (CCL2) mRNA...	synthetic constr...	545	545	99%	9e-151	99.66%	300	AY893389.1

B

Sequence ID: XM_025851310.1 Length: 782 Number of Matches: 1

Range 1: 80 to 366 GenBank Graphics   ▼ Next Match ▲ Previous Match

Score	Expect	Identities	Gaps	Strand
315 bits(170)	3e-81	249/288(86%)	2/288(0%)	Plus/Plus

```
Query   1    ATGAAAGTCTCTGCCGCCCTTCTGTGCCTGCTGCTCATAGCAGCCACCTTCATTCCCCAA  6
             |||||  ||||| || ||  ||||||||||||||||||| |||| ||||||||| || ||
Sbjct   80   ATGAAGGTCTCCGCAGTGCTTCTGTGCCTGCTGCTCACAGCCGCCACCTTCAGCCCCCAG  1

Query   61   GGGCTCGCTCAGCCAGATGCAATCAATGCCCCAGTCACCTGCTGTTATA-ACTTCACCAA  1
             |||||||||||||||||||||||| ||| |||| ||||||||||| |||| |||||||||
Sbjct   140  GTGCTCGCCCAGCCAGATGCAATTAATTCTCCAGTCACCTGCTGCTATACAC-TCACCAG  1

Query   120  TAGGAAGATCTCAGTGCAGAGGCTCGCGAGCTATAGAAGAATCACCAGCAGTAAGTGTCC  1
             || |||||||||| ||||||||||| || ||||||||| |||||||||||| |||||||
Sbjct   199  TAAAAAGATCTCGATGCAGAGGCTGGCGAGCTATAAAAGAGTCACCAGCAGCAAGTGTCC  2

Query   180  CAAAGAAGCTGTGATCTTCAAGACCATTGTGGCCAAGGAGATCTGTGCTGACCCCAAGCA  2
             |||||||||||||||||||||||||||| || || ||||||||||||||||||||||| |
Sbjct   259  CAAAGAAGCTGTGATCTTCAAGACCATCCTTAACAAGGAGATCTGTGCTGACCCCAACCA  3

Query   240  GAAGTGGGTTCAGGATTCCATGGACCACCTGGACAAGCAAACCCAAAC  287
             ||||||||||| || |||||||||||| ||| |||||||| |||||||
Sbjct   319  GAAGTGGGTCCGGGATTCCATGGCACATCTGGACAAGAAAACCCAAAC  366
```

图 2.2 BLASTN 搜索结果（查询序列为 BT007329）

A. 搜索结果界面；B. 查询序列（query）和目标序列（hit）联配情况

个非常重要的参数，表示联配结果的得分值，该值越大，表示两条序列越相似。
③percent identity，表示两条序列联配部分相同碱基占查询序列联配部分长度的

百分比。

（二）BLAST本地搜索

BLAST提供了Linux、Mac和Windows系统本地化软件，用户可以下载安装，进行本地化搜索，下文以Windows版为例讲解BLAST搜索步骤。

首先下载BLAST软件包，该软件包目前（2022年3月）已更新至2.2.31版（https://ftp.ncbi.nlm.nih.gov/blast/executables/blast＋/），前往2.2.31文件夹，下载名为"ncbi-blast-2.2.31＋-x64-win64.tar.gz"的文件（64位操作系统，压缩文件）。

下载后解压缩（如解压缩至D盘），blast-2.2.31＋文件夹里有bin文件夹，该文件夹里即是BLAST搜索的相关程序，如BLASTN等。至此就可以在Windows系统运行BLAST了。

为了举例，首先创建一个查询序列文件（testquery.fasta）和数据库文件（testdb.fasta），两者均为FASTA格式，存放至db文件夹里。查询序列文件中包含两条拟南芥*NBS*抗性基因的蛋白质序列（NCBI记录AEE34163、AED92481），数据库文件包括4条水稻*NBS*抗性基因和一个非*NBS*基因蛋白质序列（NCBI记录QLE11197、QLE11198、QLE11199、QLE11200、AAP35993），这些序列可以在NCBI中搜索下载。

调出cmd命令提示符，将路径切换至上述安装位置（cd /d D：\blast-2.2.31＋）。运行BLAST前，需要创建用来搜索的BLAST数据库（即bin文件夹中的"makeblastdb"），输入命令：

```
bin\makeblastdb-in db\testdb.fasta-dbtype prot-out db\testdb.fasta.db
```

其中，-in表示输入文件，-out表示输出文件，-dbtype表示序列类型（分别是蛋白质序列prot和核酸序列nucl）。当数据库建成后，文件夹中就可以看到后缀分别为.phr、.pin和.psq的三个文件。

最后是BLAST的运行（图2.3）。输入命令：

```
bin\blastp -query db\testquery.fasta -db db\testdb.fasta.db -out
testoutput.txt -evalue 1e-5 -outfmt 6
```

该命令表示运行BLASTP程序，其中，-query表示查询序列文件，-db表示数据库，-out表示输出文件，-evalue表示E值，-outfmt表示输出结果的格式（6为常用的设置，tab文本文件）。

在-outfmt设为6的情况下，BLAST输出结果包含12列（图2.3B），其中，第1列是查询序列的名称，第2列是目标序列（hit）的名称，第11列是E值，第12列为score值。

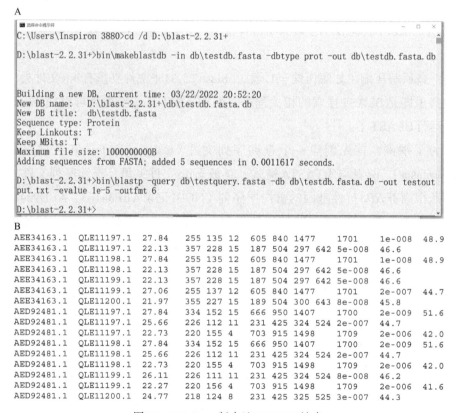

图2.3　Windows版本地BLASTP搜索

A. cmd运行BLASTP搜索界面；B. BLASTP搜索结果文件

（三）BLAT在线搜索

美国加州大学圣克鲁兹分校的基因组数据库UCSC Genome Browser中提供了人类和动物等多个物种的在线BLAT搜索（"Tools"—"BLAT"）（图2.4）。该在线服务器仅适用于最长25kb的DNA序列，最多提交25条序列（少于50kb）。

下文以一个人类基因为例（GenBank记录NM_014218）查看BLAT搜索结

Genomes	Genome Browser	Tools	Mirrors	Downloads	My Data	Projects	Help	About Us

Human BLAT Search

BLAT Search Genome

Genome: ☐ Search all　　　　　Assembly:　　　　　Query type:　　Sort output:　　Output type:

Human [▾]　　　　Dec. 2013 (GRCh38/hg38) [▾]　　BLAT's guess [▾]　　query,score [▾]　　hyperlink [▾]

☐ All Results (no minimum matches)　　　　　　　　　　　　　　Submit　I'm feeling lucky　Clear

Paste in a query sequence to find its location in the the genome. Multiple sequences may be searched if separated by lines starting with '>' followed by the sequence name.

图 2.4　BLAT 在线搜索界面

果。NM_014218 是一条 mRNA 序列，包含 8 个外显子（exon）。以该条序列 BLAT 搜索人类基因组（拼接版本 hg38；默认参数），可以清晰地知道该条序列来自染色体 chr19_KI270919v1_alt 的一段长为 14 530 碱基的区域（负链；位置：84756～99285），并且分为 9 个区块（block），即 9 个外显子。图 2.5 显示最后两个外显子的情况。

```
gagagataga atgtctgagt ctgctgttgg caactgaggg acctcagcca  85686
cctatggtct cccctgtat gttggtatct gcttatgaaa tgaggaccca   85636
gaagtgccct ccgagctgtt ttgttgactt ccatcttcta cagATGCTGC  85586
GGTAATGGAC CAAGAGTCTG CAGGAAACAG AACAGCGAAT AGCGAGgtag  85536
gtactcctcg gcccgggctc gtggctactg ttattcccaa agagtcctgg   85486
aaaatgtgag caccctccct cactcagcat ttccctctct ccagGACTCT  85436
GATGAACAAG ACCCTCAGGA GGTGACATAC ACACAGTTGA ATCACTGCGT   85386
TTTCACACAG AGAAAAATCA CTCGCCCTTC TCAGAGGCCC AAGACACCCC   85336
CAACAGATAT CATCGTGTAC ACGGAACTTC CAAATGCTGA GTCCAGATCC   85286
AAAGTTGTCT CCTGCCCATG AGCACCACAG TCAGGCCTTG AGGGCGTCTT   85236
CTAGGGAGAC AACAGCCCTG TCTCAAAACC GGGTTGCCAG CTCCCATGTA   85186
CCAGCAGCTG GAATCTGAAG GCGTGAGTCT GCATCTTAGG GCATCGATCT   85136
TCCTCACACC ACAAATCTGA ATGTGCCTCT CTCTTGCTTA CAAATGTCTA   85086
AGGTCCCCAC TGCCTGCTGG AGAAAAAACA CACTCCTTTG CTTAACCCAC   85036
AGTTCTCCAT TTCACTTGAC CCCTGCCCAC CTCTCCAACC TAACTGGCTT   84986
ACTTCCTAGT CTACTTGAGG CTGCAATCAC ACTGAGGAAC TCACAATTCC   84936
AAACATACAA GAGGCTCCCT CTTAACGCAG CACTTAGACA CGTGTTGTTC   84886
CACCTTCCCT CATGCTGTTC CACCTCCCCT CAGACTAGCT TTCAGTCTTC   84836
TGTCAGCAGT AAAACTTATA TATTTTTTAA AATAACTTCA ATGTAGTTTT   84786
CCATCCTTCA AATAAACATG TCTGCCCCCA tggtttcggt aatgggactc   84736
ttttcttgcc taaggcttcc ggtgttatca gtaccatgtc catataatcc   84686
catctgttcc ccactgagtt ctcatccccg
```

图 2.5　NM_014218 BLAT 搜索 hg38 的部分比对结果

大写字母为 NM_014218 匹配序列，即外显子

（四）HMMER在线搜索

HMMER是针对蛋白质序列及HMM概型（HMM profile）搜索鉴定，在线搜索分为4种程序：phmmer、hmmscan、hmmsearch和jackhmmer（图2.6）。下文以phmmer为例简要说明利用HMMER搜索蛋白质同源序列。搜索一个人类基因的蛋白质序列（NCBI记录AAP35993）在UniProtKB中的同源序列，获得5721条同源序列结果（图2.7A）。对于每一个结果，可以点击该记录，进入UniProtKB数据库，查看该记录的详细信息。结果页面提供下载功能，可以以不同格式下载结果（图2.7B）。jackhmmer是一种迭代搜索方式，图2.7C显示的是经过两轮迭代的搜索结果，相较于phmmer搜索，该结果新增了6000余条序列。

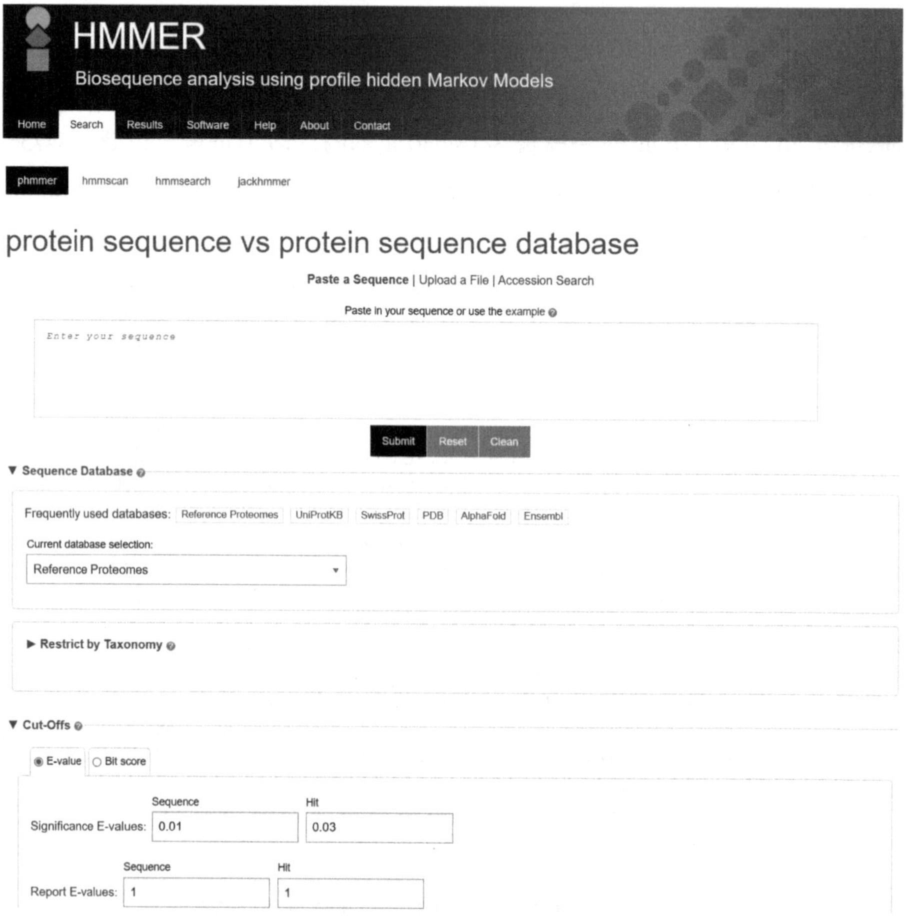

图2.6　HMMER在线搜索

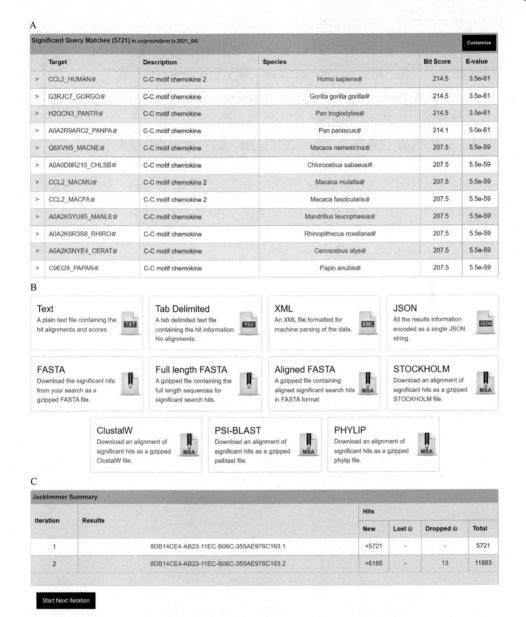

图2.7　HMMER搜索结果（查询序列为AAP35993）

A. phmmer搜索结果；B. 结果下载；C. jackhmmer搜索结果

四、问题与讨论

1. 利用一条DNA序列进行NCBI nr数据库BLASTN和BLASTX搜索，观察两个结果有何异同，为何出现异同？

2．尝试进行PSI-BLAST搜索，比较其与普通BLASTP搜索结果的异同（注意两者搜索时，将"Max target sequences"调至相同数量以便比较）。

3．尝试用Primer-BLAST（https://www.ncbi.nlm.nih.gov/tools/primer-blast/）为自己的PCR实验设计一次引物。

4．了解BLAT搜索原理，为什么其比BLAST搜索更为快速？

》实验 3 《

多序列联配

　　序列联配是指根据特定的计分规则，通过一定的算法对两条或多条核苷酸或蛋白质序列进行比较，找出它们之间的最优匹配或最大相似度匹配。序列联配包含两条序列联配和多条序列联配，是生物信息学的核心问题之一。根据序列联配的目的和策略的不同，序列联配可以分为全局联配和局部联配两种方式：全局联配的目的是对序列全长进行比对，是基于序列全长获得最优匹配结果；局部联配的目的是获得序列比对中得分最高的匹配片段，而不是考虑全长序列的匹配。

　　序列联配涉及计分矩阵、联配算法和统计判断三个关键问题。计分矩阵是序列联配过程中使用的计分规则，是序列联配的重要组成部分，给出序列联配中碱基或氨基酸匹配或错配值，又称替换矩阵。DNA序列相对简单，只有4种碱基，其替换矩阵包括等价矩阵、转换-颠换矩阵及BLAST矩阵等。而蛋白质序列有22种氨基酸，给出这些氨基酸匹配和错配的科学准确评价值，即准确反映它们生物学特征，要复杂得多。著名的氨基酸替换矩阵有PAM（point accepted mutation）替换矩阵、BLOSUM替换矩阵（blocks substitution matrix）及PSSM替换矩阵（position-specific scoring matrix）等。

　　Needleman-Wunsch算法是一种全局联配算法，从整体上分析两条序列的关系，即考虑序列总长的整体比较。Needleman和Wunsch最初提出的算法寻求使两条序列间的距离最小，即最短距离，使用的是一个动态规划的方法。Smith-Waterman算法是在Needleman-Wunsch算法基础上发展而来的，是一种局部联配算法。对于两条序列联配，通过联配算法和一定的计分系统，总是可以获得一个最优联配结果，而对于三条及三条以上的序列联配，问题就变得异常复杂。目前多序列联配方法采取启发式算法，分为渐进式全局联配、迭代和基于统计模型的方法等类型。Clustal算法是渐进式全局联配算法的代表，其基本思路是利用动态规划算法，首先判断各条序列间差异度的大小，然后将最相近的两条序列进行联配，采取动态规划算法获得其最优联配结果，再逐步增加次相近的序列或序列联配（作为一条序列看待）。这是在连续使用两条序列联配算法的基础上，通过先建树的思路来逐一进行多序列联配。多序列局部联配算法则包括哈希方法及基于统计的模式识别方法（如最大期望、吉布斯抽样、HMM等）。

多序列联配可以帮助我们确定序列的亲缘关系，鉴定保守功能域，是调查生物序列与结构和功能之间关系的重要工具。基于不同的算法或策略，目前用于多序列联配的方法和软件较多，如ClustalW、MAFFT、MUSCLE、T-COFFEE、ProbCons、DIALIGN、PRRN、Kalign等。

一、实验目的

本实验以ClustalW和MAFFT为例，要求掌握多序列联配方法，学会运用相应软件。

二、数据库、软件和数据

（一）数据库与软件

ClustalW在线版（https://www.genome.jp/tools-bin/clustalw）、ClustalW软件（http://www.clustal.org/download/current/）、MAFFT在线版（https://mafft.cbrc.jp/alignment/server/）、MAFFT软件（https://mafft.cbrc.jp/alignment/software/windows.html）、序列联配编辑软件GeneDoc（http://nrbsc.org/gfx/genedoc）、文本编辑软件UltraEdit（http://www.ultraedit.com/）。

（二）数据

NCBI记录QLE11197、QLE11198、QLE11199、QLE11200、AEE34163、AED92481。

三、实验内容

（一）ClustalW多序列联配

ClustalW是早期经典的多序列联配方法，不少数据库或生物信息学网站提供在线服务，如欧洲生物信息学研究所（EBI）曾在相当长时间内提供其在线服务（目前已经停止）。本实验以京都大学生物信息学中心GenomeNet数据库提供的ClustalW在线服务为例（https://www.genome.jp/tools-bin/clustalw），简要说明如何利用ClustalW进行多序列联配。

图3.1所示为GenomeNet数据库ClustalW在线服务界面，输入拟联配的多条序列或者上传包含这些序列的文件，即可得到多序列联配结果。此处以6条*NBS*抗性基因的蛋白质序列（GenBank记录QLE11197、QLE11198、QLE11199、QLE11200、AEE34163、AED92481）为例，默认参数（BLOSUM计分矩阵），获得CLUSTAL格式的联配结果（图3.2）。输出格式可以选择多种，如FASTA格

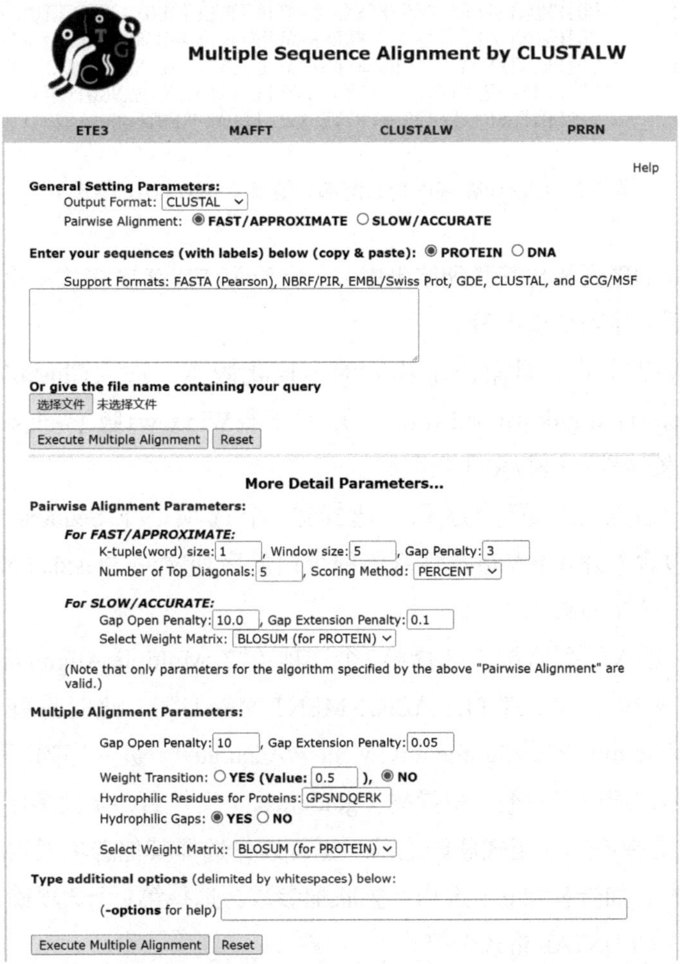

图3.1　ClustalW多序列联配在线分析界面（GenomeNet数据库）

```
QLE11198.1    MEEVEAGWLEGGIRWLAETILDNLDADKLDEWIRQIRLAADTEKLRAEIEKVDGVVAAVK
QLE11197.1    MEEVEAGWLEGGIRWLAETILDNLDADKLDEWIRQIRLAADTEKLRAEIEKVDGVVAAVK
QLE11199.1    MEEVEAGLLEGGIRWLAETILDNLDADKLDEWIRQIRLAADTEKLRAEIEKVDGVVAAVK
QLE11200.1    MEEVEAGLLEGGIRWLAETILDNLDADKLDEWIRQIRLAADTEKLRAEIEKVDGVVAAVK
AEE34163.1    ---------------------------------------MASPSSFSSQNYKFN-VFASFH
AED92481.1    ---------------------------------------MTSSSSWVKTDGETPQDQVFINFR
                                                        :.:          : *. .:

QLE11198.1    GRAIGNRSLARSLGRLRGLLYDADDAVDELDYFRLQQQVEGGVTTRFEAEETVGDGAEDE
QLE11197.1    GRAIGNRSLARSLGRLRGLLYDADDAVDELDYFRLQQQVEGGVTTRFEAEETVGDGAEDE
QLE11199.1    GRAIGNRSLARSLGRLRGLLYDADDAVDELDYFRLQQQVEGGVTTRFEAEETVGDGAEDE
QLE11200.1    GRAIGNRSLARSLGRLRGLLYDADDAVDELDYFRLQQQVEGGVITRFEAEDTVGDGAEDE
AEE34163.1    G---------------------PDVRKTLLSHIRLQFNRNGITMFDDQKIVRSATIGP
AED92481.1    G---------------------VELRKNFVSHLEKGLKRKGINAFIDTDEEMG-QELS
              *                     : :    ::.  .   :     .  .

QLE11198.1    DDIPMDNTDVPEAVAAG-SSKKRSKAWEHFTTVEFTADGKDSKARCKYCHKDLCCTSKNG
QLE11197.1    DDIPMDNTDVPEAVAAG-SSKKRSKAWEHFTTVEFTADGKDSKARCKYCHKDLCCTSKNG
QLE11199.1    DDIPMDNTDVPEAVAAG-SSKKRSKAWEHFTTVEFTADGKDSKARCKYCHKDLCCTSKNG
QLE11200.1    GDIPMDNTDVPAAAAAGRSSKKRSKAWEHFTPVEFTADGKASKARCKYCHKDLCCTSKNG
AEE34163.1    SLVEAIKESRISIVILS--KKYASSSWCLDELVEILECKKAMGQIVMTIFYGVDPSDVRK
AED92481.1    VLLERIEGSRIALAIFS--PRYTESKWCLKELAKMKERTEQKELVVIPIFYKVQPVTVKE
              :    :  .  .  . ..  *       .:      :        .     .
```

图3.2　ClustalW多序列联配部分结果（CLUSTAL格式）

式（与未联配的序列相比其联配结果中多了空位）、PHYLIP格式（第一行为序列条数和联配后的序列长度）等。

ClustalW提供了不同操作系统下的本地化版本，进入ClustalW下载页面（http://www.clustal.org/download/current/），可下载Windows版（"clustalw-2.1-win.msi"）。双击安装即可进行多序列联配。

第1步：输入拟联配的序列，选择第1个选项（"1. Sequence Input From Disc"），如包含上述6条*NBS*抗性基因的蛋白质序列文件"testdata.fasta"（与安装文件为同一个文件夹）。

第2步：进入序列联配，选择第2个选项（"2. Multiple Alignments"），出现多序列联配菜单（"MULTIPLE ALIGNMENT MENU"）。此时选择第1个选项（"1.Do complete multiple alignment now Slow/Accurate"）进入序列联配并提示输入结果文件名，随后提示输入引导树（guide tree）文件名，至此多序列联配完成（图3.3）。在选择该选项正式联配之前，也可以先选择其他选项根据不同需求对联配予以调整：如选择第6个选项调整联配参数，选择第9个选项确定输出结果格式（默认为CLUSTAL格式）等。

```
**********************************************************
******* CLUSTAL 2.1 Multiple Sequence Alignments  *******
**********************************************************


     1. Sequence Input From Disc
     2. Multiple Alignments
     3. Profile / Structure Alignments
     4. Phylogenetic trees

     S. Execute a system command
     H. HELP
     X. EXIT (leave program)


Your choice: 1

Enter the name of the sequence file : testdata.fasta
Sequence format is Pearson
Sequences assumed to be PROTEIN

Your choice: 2



****** MULTIPLE ALIGNMENT MENU ******


     1.  Do complete multiple alignment now Slow/Accurate
     2.  Produce guide tree file only
     3.  Do alignment using old guide tree file

     4.  Toggle Slow/Fast pairwise alignments = SLOW

     5.  Pairwise alignment parameters
     6.  Multiple alignment parameters

     7.  Reset gaps before alignment? = OFF
     8.  Toggle screen display         = ON
     9.  Output format options
     I.  Iteration = NONE

Your choice: 1

Enter a name for the CLUSTAL output file  [testdata.aln]: output.
aln
Start of Pairwise alignments
Aligning...
```

图3.3 利用ClustalW本地化软件进行多序列联配

（二）MAFFT 多序列联配

MAFFT最初是由日本京都大学的Kazutaka Katoh开发（2002年），之后更新了多个版本（目前为第7版），并于2019年提供在线服务（https://mafft.cbrc.jp/alignment/server/）。根据多个第三方评价，MAFFT被认为在准确性和计算时间等方面都具有良好的表现（详见https://mafft.cbrc.jp/alignment/software/eval/accuracy.html）。

图3.4所示为MAFFT在线服务界面。MAFFT的特点之一是具有多种策略可供用户选择，总体上分为基于渐进式方法（progressive method）和迭代求精算法（iterative refinement method）。例如，采取渐进式方法的FFT-NS-1速度快，适于2000条以上序列。采取迭代求精算法的E-INS-i速度慢，适于200条以内序列，具有多个保守结构域及长的空位；L-INS-i则适于仅有一个保守结构域的多序列联配。默认选项为自动选择FFT-NS-1、FFT-NS-2、FFT-NS-i或L-INS-i之一（根据提交数据的大小）。

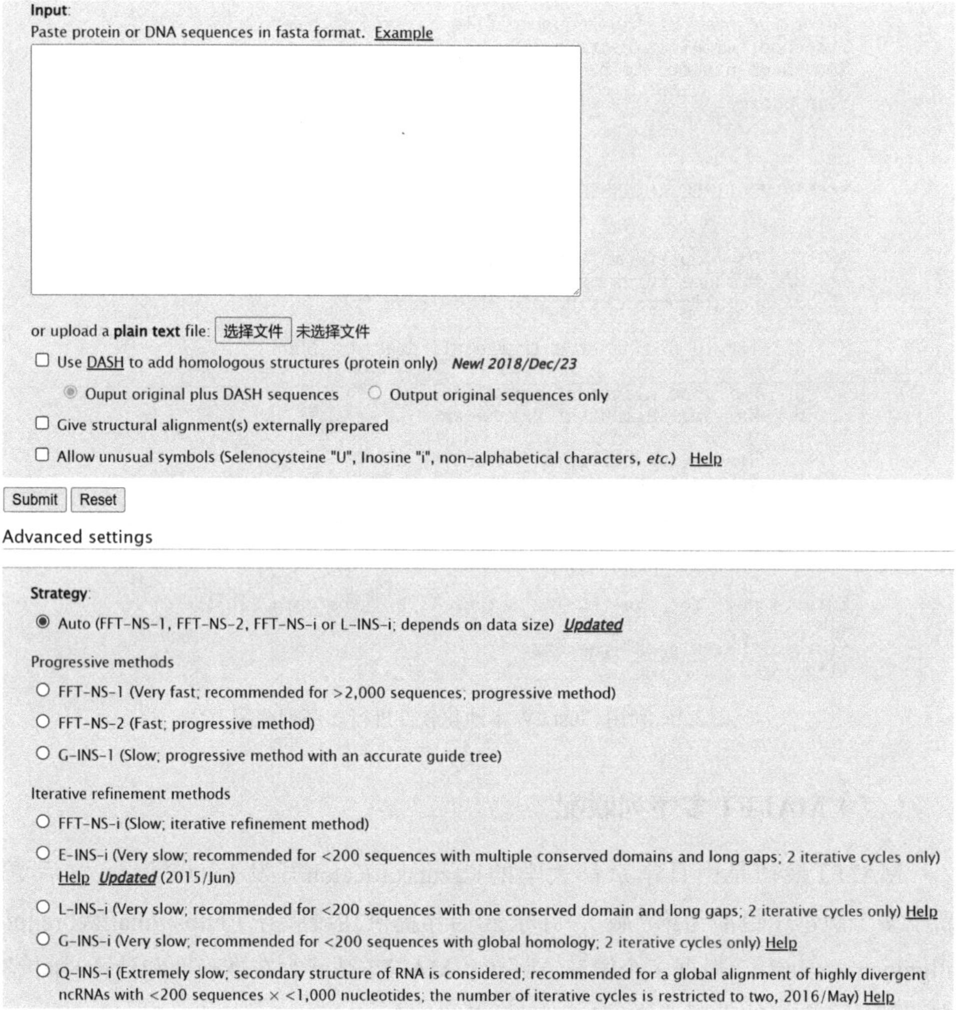

Input:
Paste protein or DNA sequences in fasta format. Example

or upload a **plain text** file: 选择文件 未选择文件

☐ Use DASH to add homologous structures (protein only)　New! 2018/Dec/23
　　◉ Ouput original plus DASH sequences　　○ Output original sequences only
☐ Give structural alignment(s) externally prepared
☐ Allow unusual symbols (Selenocysteine "U", Inosine "i", non-alphabetical characters, etc.)　Help

Submit　Reset

Advanced settings

Strategy:
◉ Auto (FFT-NS-1, FFT-NS-2, FFT-NS-i or L-INS-i; depends on data size) _Updated_

Progressive methods

○ FFT-NS-1 (Very fast; recommended for >2,000 sequences; progressive method)

○ FFT-NS-2 (Fast; progressive method)

○ G-INS-1 (Slow; progressive method with an accurate guide tree)

Iterative refinement methods

○ FFT-NS-i (Slow; iterative refinement method)

○ E-INS-i (Very slow; recommended for <200 sequences with multiple conserved domains and long gaps; 2 iterative cycles only) Help _Updated_ (2015/Jun)

○ L-INS-i (Very slow; recommended for <200 sequences with one conserved domain and long gaps; 2 iterative cycles only) Help

○ G-INS-i (Very slow; recommended for <200 sequences with global homology; 2 iterative cycles only) Help

○ Q-INS-i (Extremely slow; secondary structure of RNA is considered; recommended for a global alignment of highly divergent ncRNAs with <200 sequences × <1,000 nucleotides; the number of iterative cycles is restricted to two, 2016/May) Help

图3.4　MAFFT多序列联配在线版

MAFFT提供了不同操作系统下的本地化版本，进入MAFFT下载页面（https://mafft.cbrc.jp/alignment/software/），可下载Windows版，Windows版又分为三种：Ubuntu version、All-in-one version、Cygwin version。其中Cygwin version需要在电脑中安装Cygwin。All-in-one version最为便捷，下文以其为例做简要讲解。该版是一个压缩文件，下载后解压缩即可。双击文件夹中的Windows批处理文件（"mafft.bat"）即可进行多序列联配。

　　第1步：输入拟联配的序列，如包含上述6条*NBS*抗性基因的蛋白质序列文件"testdata.fasta"（与安装文件为同一个文件夹）。

　　第2步：输入结果文件名，如"output.txt"。

　　第3步：选择输出结果文件格式，如"Clustal format / Input order"表示结果文件为CLUSTAL格式且按照输入文件顺序。

　　第4步：选择联配策略，如"--auto"表示自动选择，后续输出结果文件中的第一行（CLUSTAL格式），会出现此次多序列联配自动选择的策略（如该例中为"L-INS-i"）。

　　第5步：其他一些参数选择，此步可以忽略，直接按回车键进入下一步。

　　第6步：确认命令"/usr/bin/mafft --auto --clustalout --inputorder testdata.fasta＞output.txt"，输入"Y"或按回车键进行序列联配，获得结果（图3.5）。

（三）联配结果查看与编辑

　　一些多序列联配在线服务同时也提供了联配结果可视化功能，如MAFFT在线服务提供了MSAViewer（https://msa.biojs.net/）以可视化多序列联配结果。此外也有相关的软件可用来查看和编辑多序列联配，下文简要介绍其中一个软件GeneDoc（http://nrbsc.org/gfx/genedoc）。

　　图3.6所示为GeneDoc软件界面，首先将多序列联配结果输入软件。此处以上述ClustalW联配结果为例（FASTA格式），具体步骤为：点击"File"，选择"import"，出现数据输入的方式，选择文件和FASTA格式，则可以将数据输入，输入数据也可以是直接复制粘贴（即来自clipboard）。

　　点击"Project"，选择"Configure"选项，可以对联配结果进行多方面的调整，如氨基酸残基的大小、每行序列长度、保守序列颜色显示、打印设置等（图3.7）。

A
```
Input file? (FASTA format; Folder="D:\mafft-win")
@ testdata.fasta
OK. infile = testdata.fasta


Output file?
@ output.txt
OK. outfile = output.txt


Output format?
  1. Clustal format / Sorted
  2. Clustal format / Input order
  3. Fasta format   / Sorted
  4. Fasta format   / Input order
  5. Phylip format  / Sorted
  6. Phylip format  / Input order
@ 2
OK. arguments = --clustalout --inputorder
Strategy?
  1. --auto
  2. FFT-NS-1 (fast)
  3. FFT-NS-2 (default)
  4. G-INS-i  (accurate)
  5. L-INS-i  (accurate)
  6. E-INS-i  (accurate)
@ 1
OK. arguments = --auto --clustalout --inputorder


Additional arguments? (--ep # --op # --kappa # etc)
@

command=
"/usr/bin/mafft" --auto --clustalout --inputorder "testdata.fasta" > "output.txt"
Type Y or just enter to run this command.
@ Y
```
B
```
CLUSTAL format alignment by MAFFT L-INS-i (v7.490)

QLE11200.1    MEEVEAGLLEGGIRWLAETILDNLDADKLDEWIRQIRLAADTEKLRAEIEKVDGVVAAVK
QLE11199.1    MEEVEAGLLEGGIRWLAETILDNLDADKLDEWIRQIRLAADTEKLRAEIEKVDGVVAAVK
QLE11198.1    MEEVEAGWLEGGIRWLAETILDNLDADKLDEWIRQIRLAADTEKLRAEIEKVDGVVAAVK
QLE11197.1    MEEVEAGWLEGGIRWLAETILDNLDADKLDEWIRQIRLAADTEKLRAEIEKVDGVVAAVK
AEE34163.1    MASPSS-----------------------------FSSQNYK------FNVFASFH
AED92481.1    MTSSSS--------------------WVK-----TDGETPQ------DQVFINFR
              * . .:                                 . .: .:       *. . .:

QLE11200.1    GRAIGNRSLARSLGRLRGLLYDADDAVDELDYFRLQQQVEGGVITRF--EAEDTVGDGAE
QLE11199.1    GRAIGNRSLARSLGRLRGLLYDADDAVDELDYFRLQQQVEGGVTTRF--EAEETVGDGAE
QLE11198.1    GRAIGNRSLARSLGRLRGLLYDADDAVDELDYFRLQQQVEGGVTTRF--EAEETVGDGAE
QLE11197.1    GRAIGNRSLARSLGRLRGLLYDADDAVDELDYFRLQQQVEGGVTTRF--EAEETVGDGAE
AEE34163.1    G-----PDVRKTL---------------LSHIRLQFNRNG--ITMF--DDQKIVRSATI
AED92481.1    G-----VELRKNF---------------VSHLEKGLKRKG--INAFIDTDEEMGQELSV
              *       .: :.:              :.::. : :*  . *   . :. . :

QLE11200.1    DEGDIPMDNTDVPAAAAAGRSSKKRSKAWEHFTPVEFTADGKASKARCKYCHKDLCCTSK
QLE11199.1    DEDDIPMDNTDVPEAVAAG-SSKKRSKAWEHFTTVEFTADGKDSKARCKYCHKDLCCTSK
QLE11198.1    DEDDIPMDNTDVPEAVAAG-SSKKRSKAWEHFTTVEFTADGKDSKARCKYCHKDLCCTSK
QLE11197.1    DEDDIPMDNTDVPEAVAAG-SSKKRSKAWEHFTTVEFTADGKDSKARCKYCHKDLCCTSK
AEE34163.1    --GPSLVEAIKESRISIVILSKKYASSSW-------------------CLDELV----
AED92481.1    -----LLERIEGSRIALAIFSPRYTESKW-------------------CLKELA----
              :: . .  . * . :.. *              * .:*
```

图3.5　MAFFT本地版多序列联配

A. 联配过程；B. 联配结果（部分）

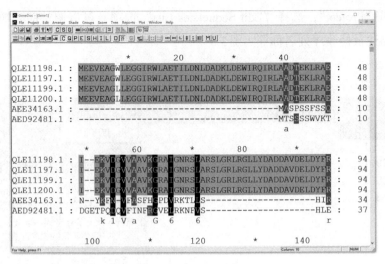

图3.6　GeneDoc 界面

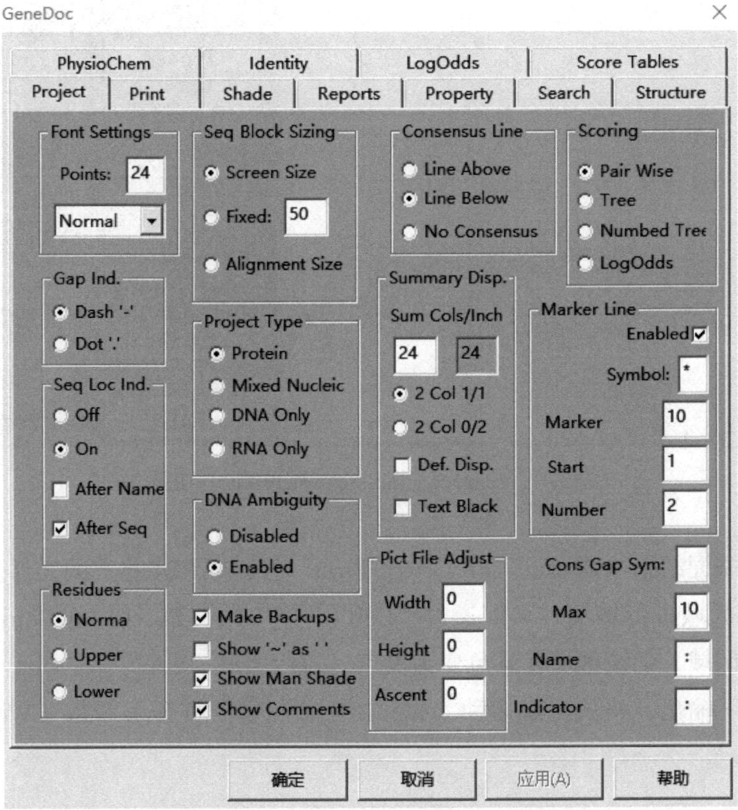

图3.7　GeneDoc "Configure" 功能

点击"Project",选择"Edit Sequences List"选项,可以调整序列顺序、添加序列描述及修改序列名称等(图3.8)。

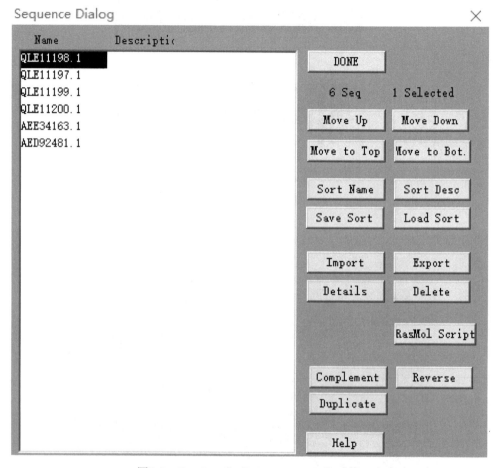

图3.8　GeneDoc"Edit Sequences List"功能

整个联配结果可以通过"File"－"Print"打印成PDF格式的文件。如果需要对特定区域进行输出,可以通过"Edit"－"Select Blocks for Copy",鼠标点击相应区域,则该区域背景色变为黑色,随后通过"Edit"－"Copy Selected Blocks to"输出,格式可有多种,如HTML(浏览器打开)、RTF(Word打开)等(图3.9)。

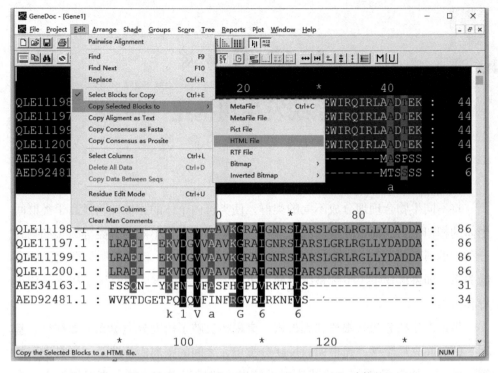

图 3.9   GeneDoc "Copy Selected Blocks to" 功能

四、问题与讨论

1. 分别利用 MAFFT 的不同策略对本实验中的 6 条 *NBS* 抗性基因进行多序列联配，看看联配结果有何不同。

2. 尝试使用 GeneDoc 其他功能以查看、编辑多序列联配结果。

3. 为什么多序列联配比两条序列联配更为复杂?

4. 理解动态规划算法在序列联配中的应用。

》实验 4 《

系统发生树构建

　　将不同生物合理地分成不同的类群，使类群内个体的相似性明显高于类群间个体的相似性，进而根据其间的差异将这些类群定义为不同的分类等级（如物种分类中的科、属、种）。进化生物学研究的重要任务之一就是阐明类群之间的亲缘关系，即系统发生（也称系统发育）重构。构建系统发生树有助于揭示进化历史和机制。

　　系统发生树分为有根树和无根树。有根树反映了树上分类单元（如物种、基因）的时间先后顺序，无根树只反映分类单元之间的距离而不涉及"谁是谁"的祖先问题。通常用 Newick 格式来对系统发生树进行文本表示，有根树的文本表示是唯一的，而无根树可以通过人为指定不同树根位置进行文本表示，不是唯一的。用于构建系统发生树的数据类型有两种：一是特征数据，它提供了基因、个体或物种的特征信息；二是距离数据或相似性数据，反映基因、个体或物种两两之间的差异。距离数据可以由特征数据计算获得，反之不行。

　　系统发生树的构建通常有以下几种方法：距离矩阵法、最大简约法、最大似然法、贝叶斯法等。①距离矩阵法是根据每对物种或基因之间的距离进行计算，所产生的系统发生树的质量取决于距离估算的质量，距离通常取决于遗传模型。距离法包括非加权平均连接聚类法（UPGMA）、Fitch-Margoliash 法、邻接法（NJ）、最小进化法（ME）等。其中邻接法是目前构建系统发生树的常用方法之一。②最大简约法较少涉及遗传假设，它通过寻求物种间最小的变更数来完成，其基本假设是生物序列总是采用某种"最节约成本"或"最经济"的方法完成进化过程。③最大似然法的特征之一是对模型的巨大依赖性，该方法计算复杂，但为统计推断提供了良好基础，适于序列间差异明显的进化分析，目前是主流建树方法之一。④系统发生的贝叶斯法涉及三个基本概念：进化树的先验概率、后验概率和似然值，该方法可以将现有的系统发生知识整合或体现在先验概率中。贝叶斯法和最大似然法一样，可利用不同进化模型，有坚实的统计学基础。不同之处在于：最大似然法指定树的结构和进化模型，计算序列组成的概率，以观察数据的最大概率来拟合系统树；贝叶斯法正好相反，是由给定的序列组成，计算进化树和进化模型的概率。

构建一个系统发生树后，有多大把握认为其结构反映了真实的进化关系呢？这涉及系统树的稳健性和可靠性问题。由于系统树具有复杂的结构，树形的统计测验通常采取再抽样统计检验，如自举法（bootstrap）和刀切法（jackknife）。自举法是进化树统计检验的常用方法，通常需要较大的计算量，特别是对于似然法建树。也有其他的一些统计测验方法，如Kishino和Hasegawa提出的一种基于似然度比较两个候选进化树的KH近似检验法，以及Shimodaira与Hasegawa提出的SH检验。

目前已研发的系统发生树的构建方法及软件有几十种（https://en.wikipedia.iwiki.eu.org/wiki/List_of_phylogenetics_software），如MEGA、Phylip、PAML、PAUP、RAxML、PhyML、FastTree、MrBayes、BEAST等。同时也有在线建树服务，如NGPhylogeny.fr、PhyML等。

一、实验目的

本实验以系统发生树在线建树服务NGPhylogeny.fr及建树软件PhyML和MEGA等为例，要求掌握系统发生树构建方法，学会运用相应软件。

二、数据库、软件和数据

（一）数据库与软件

NGPhylogeny.fr（https://ngphylogeny.fr/）、PhyML 软件（http://www.atgc-montpellier.fr/phyml/download.php）、MEGA 软件（http://www.megasoftware.net/）、文本编辑软件UltraEdit（http://www.ultraedit.com/）。

（二）数据

NCBI记录QLE11197、QLE11198、QLE11199、QLE11200、AEE34163、

AED92481。

三、实验内容

（一）利用NGPhylogeny.fr在线构建系统发生树

NGPhylogeny.fr是由法国巴斯德研究院的Olivier Gascuel开发的在线建树服务，是Phylogeny.fr（http://www.phylogeny.fr/）的更新版，也是为非生物信息学专业人士而开发的构建系统发生树的在线服务。NGPhylogeny.fr包含三种模式，分别是"One Click"（全自动模式）、"Advanced"（半自动模式）和"A la Carte"（手动模式）（图4.1）。其中，"One Click"模式仅需提交拟建树的序列，所有的工具和参数均为默认（图4.2）。"Advanced"模式所用的工具不可选（默认）但参数可选。当然这两者的建树方法仍然都是可选的，共有4种：FastME、PhyML、FastTree和PhyML＋SMS（图4.2）。"A la Carte"模式所用的软件和涉及参数均需要用户选择：序列联配提供了MAFFT、MUSCLE、Clustal Omega，

图4.1　NGPhylogeny.fr主界面

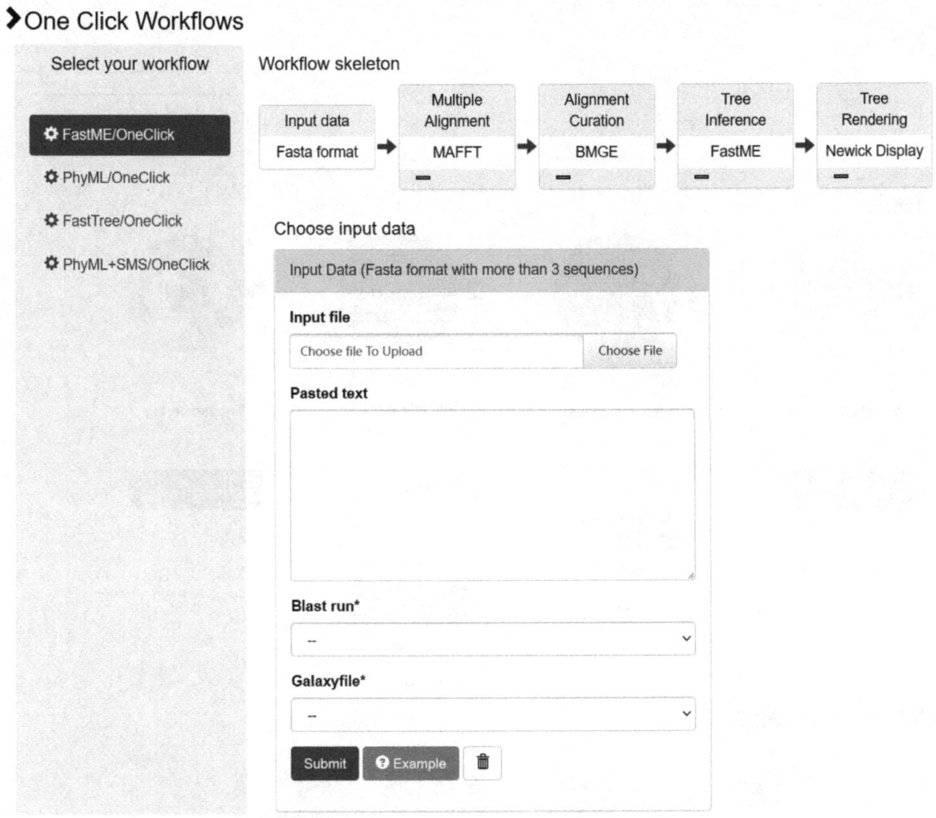

图 4.2　NGPhylogeny.fr "One Click" 模式

联配校正有 BMGE、Gblocks、Noisy、trimAl，系统树构建方法包括 FastME、TNT、PhyML＋SMS、PhyML、FastTree、MrBayes（图 4.3）。

下文以 6 条 *NBS* 抗性基因为例（GenBank 记录 QLE11197、QLE11198、QLE11199、QLE11200、AEE34163、AED92481），简要说明使用 "A la Carte" 模式建树。

第 1 步：创建流程（"Create workflow"），即选择相应工具方法，如本例中选择 MAFFT、Gblocks、PhyML（图 4.3）。

第 2 步：依次按照流程提交序列，选择第 1 步所选工具的参数（本例全部使用默认参数）。

第 3 步：系统发生树建树结果显示。在该步骤中，用户可以很方便地查看整个建树流程中的任何一步，包括不同文件及可视化结果（图 4.4A），如利用 "Viewer" 功能查看并调整 PhyML 系统发生树拓扑结构（图 4.4B）。

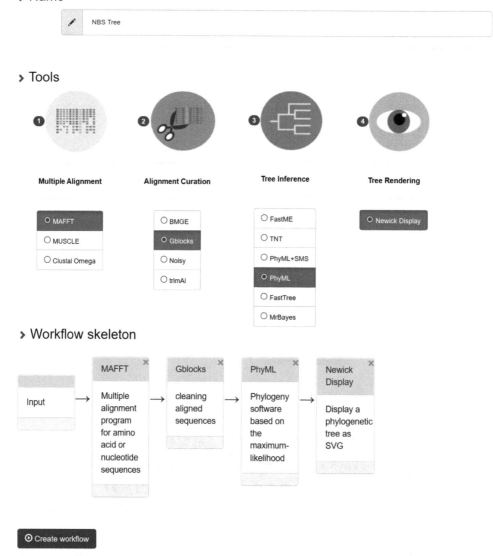

图4.3　NGPhylogeny.fr"A la Carte"模式

（二）PhyML本地化构建系统发生树

　　PhyML由Guindon和Gascuel于2003年发布，是针对当时数据量逐渐变大、进化模型增多而最大似然法速度过慢等问题，研发出的一款基于最大似然法但速度更快的构建系统发生树软件。该软件可以从法国ATGC生物信息学平台

图4.4　NGPhylogeny.fr系统发生树构建结果页面

A. 建树所有步骤及其结果；B. PhyML系统发生树展示

（http://www.atgc-montpellier.fr/）下载。2005年，Guindon和Gascuel开发了在线版，整合在法国的ATGC生物信息学平台中。下文简要说明PhyML本地版的使用。

PhyML软件下载、解压缩后无需安装，双击bat文件（"phyml.bat"）即可开始使用（图4.5）。

第1步：输入拟建树的序列联配文件（需要PHYLIP格式），此处同样以上述6个*NBS*基因多序列联配结果为例（文件名"clustalw.phy"，本书实验3的ClustalW联配结果）。

第2步：主菜单选择，该步骤对不同设置和参数进行修改。例如，输入

```
—  PhyML 20120412  ---

A simple, fast, and accurate algorithm to estimate large phylogenies by maximum likelihood
               Stephane Guindon & Olivier Gascuel

               http://www.atgc-montpellier.fr/phyml

               Copyright CNRS - Universite Montpellier II

ooooooooooooooooooooooooooooooooooooooooooooooooooooooooooooooooooooooooooooooooo

. Enter the sequence file name > clustalw.phy

                    ..................

                    Menu : Input Data

                    ......................


        [+] ............................. Next sub-menu
        [-] ......................... Previous sub-menu
        [Y] ......................... Launch the analysis

        [D] .............. Data type (DNA/AA/Generic)  DNA
        [I] ...... Input sequences interleaved (or sequential)  interleaved
        [M] .............. Analyze multiple data sets  no
        [R] ............................. Run ID  none

. Are these settings correct ? (type '+', '-', 'Y' or other letter for one to change)  D

        [+] ............................. Next sub-menu
        [-] ......................... Previous sub-menu
        [Y] ......................... Launch the analysis

        [D] .............. Data type (DNA/AA/Generic)  AA
        [I] ...... Input sequences interleaved (or sequential)  interleaved
        [M] .............. Analyze multiple data sets  no
        [R] ............................. Run ID  none

. Are these settings correct ? (type '+', '-', 'Y' or other letter for one to change)  +

                    ......................
                    Menu : Substitution Model
                    ......................

        [+] ............................. Next sub-menu
        [-] ......................... Previous sub-menu
        [Y] ......................... Launch the analysis

        [M] .............. Model of amino-acids substitution  LG
        [F] . Amino acid frequencies (empirical/model defined)  model
        [V] . Proportion of invariable sites (fixed/estimated)  fixed (p-invar = 0.00)
        [R] ....... One category of substitution rate (yes/no)  no
        [C] ......... Number of substitution rate categories  4
        [G] ............ Gamma distributed rates across sites  yes
        [A] ... Gamma distribution parameter (fixed/estimated)  estimated

. Are these settings correct ? (type '+', '-', 'Y' or other letter for one to change)  M

        [M] .............. Model of amino-acids substitution  JTT
        [F] . Amino acid frequencies (empirical/model defined)  model
        [V] . Proportion of invariable sites (fixed/estimated)  fixed (p-invar = 0.00)
        [R] ....... One category of substitution rate (yes/no)  no
        [C] ......... Number of substitution rate categories  4
        [G] ............ Gamma distributed rates across sites  yes
        [A] ... Gamma distribution parameter (fixed/estimated)  estimated

. Are these settings correct ? (type '+', '-', 'Y' or other letter for one to change)  Y
```

图4.5　PhyML本地版系统发生树构建

"D"，修改数据类型（DNA/氨基酸，本例为氨基酸）；输入"＋"进入下一个子菜单修改模型参数，如输入"M"修改氨基酸替代模型（LG、WAG、Dayhoff、JTT、Blosum62、MtREV等多个模型，本例选择JTT模型）；输入"＋"继续进入下一个子菜单（本例默认参数）。

第3步：运行PhyML，输入"Y"。按照上述参数（图4.6），则得出如下系统发生树："(QLE11200.1: 0.11440362, ((AEE34163.1: 0.00006881, AED92481.1: 4.25866592) 1.000000: 5.65006800, (QLE11198.1:0.00000001, QLE11197.1: 0.00000001) 0.000000: 0.00000011) 0.310000:0.00406764, QLE11199.1: 0.00426392); "。

如果所有参数和设置均是默认，则第2步不需要选择，直接输入"Y"，运行PhyML。

```
. Sequence filename:                          clustalw.phy
. Data type:                                  aa
. Alphabet size:                              20
. Sequence format:                            interleaved
. Number of data sets:                        1
. Nb of bootstrapped data sets:               0
. Compute approximate likelihood ratio test:  yes (SH-like branch supports)
. Model name:                                 JTT
. Proportion of invariable sites:             0.000000
. Number of subst. rate categs:               4
. Gamma distribution parameter:               estimated
. 'Middle' of each rate class:                mean
. Amino acid equilibrium frequencies:         model
. Optimise tree topology:                     yes
. Tree topology search:                       NNIs
. Starting tree:                              BioNJ
. Add random input tree:                      no
. Optimise branch lengths:                    yes
. Optimise substitution model parameters:     yes
. Run ID:                                     none
. Random seed:                                1648436159
. Subtree patterns aliasing:                  no
. Version:                                    20120412
```

图4.6 利用PhyML对6个*NBS*基因（"clustalw.phy"）构建系统发生树选择的参数

（三）MEGA构建系统发生树

MEGA（Molecular Evolutionary Genetics Analysis）是由美国宾夕法尼亚州立大学的Masatoshi Nei开发的分子进化遗传学软件，包括Windows、Mac OS、Linux多个操作系统软件包，目前（2022年3月）已经更新至第11版（https://www.megasoftware.net/）。MEGA软件具有系统发生树构建、模型选择、分子钟、选择检验等多种分子进化分析功能（图4.7）。

图4.7　MEGA主界面

下文同样以上述6条*NBS*抗性基因为例，简要说明如何使用MEGA建树。

第1步：序列导入。点击"ALIGN"，选择"Edit/Build Alignment"，出现图4.8上图所示选项，此时点击"Retrieve a sequence from a file"，将文件（本例为"testdata.fasta"）中的序列导入MEGA（图4.8下图）。

第2步：进行序列联配。将上述6条基因序列全选（点击任一基因名并按"Ctrl"+"A"），点击"Alignment"，选择联配方法（本例为ClustalW），出现联配参数（图4.9上图），随后运行，获得联配结果（图4.9下图）。对于该联配结果，点击"Data"，选择"save section"予以保存（MAS文件）。

第3步：进行系统发生树构建。点击主界面"PHYLOGENY"，出现多种建树方法，本例选择最大似然法，点击"Construct/Test Maximum Likelihood Tree"，则出现相关参数。如果选择默认参数，点击"OK"直接运行，此处将"Test of Phylogeny"变更为"Bootstrap method"并选择500次（图4.10），随后运行，获得建树结果（图4.11）。需要注意的是，若选择最大似然法的同时选择Bootstrap测验，运行速度会慢很多。

MEGA软件可以对系统树进行不同形式的美化，如利用结果界面左侧菜单栏"Taxon Names"－"Edit Markers"对每个基因名进行不同形状和颜色标记（图4.12左），利用"View"－"Tree/Branch Style"改变树形形式（图4.12中），利用"Subtree"－"Root tree"可以将根放置于不同分枝（图4.12右）。

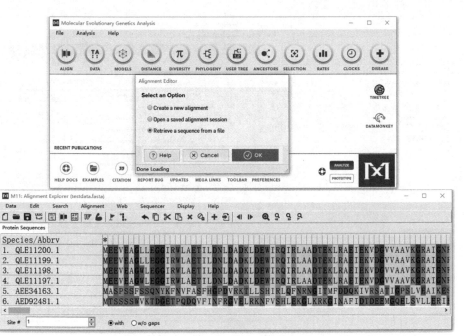

图 4.8　MEGA 数据导入

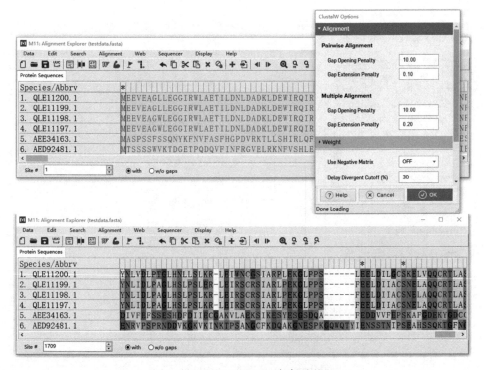

图 4.9　MEGA ClustalW 多序列联配

图4.10　利用MEGA进行最大似然法建树

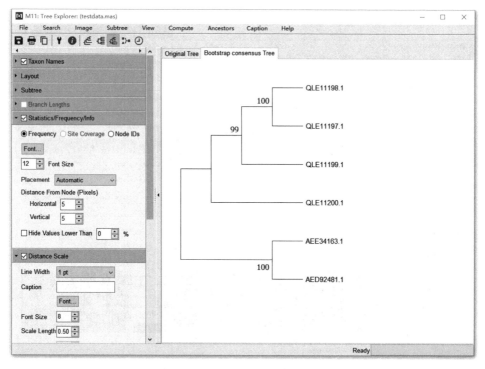

图4.11　MEGA建树结果

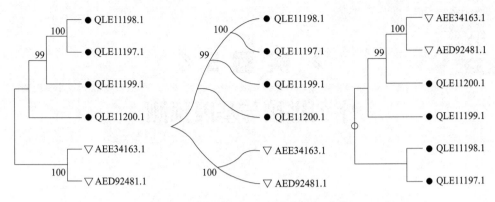

图4.12 利用MEGA对进化树进行美化

四、问题与讨论

1. 尝试利用MrBayes（http://nbisweden.github.io/MrBayes/download.html；贝叶斯法建树软件）对本实验中提到的序列构建系统发生树。

2. iTOL是一个在线展示及美化系统发生树的工具，尝试使用并熟悉该在线工具。

3. 试着利用一种方法或工具，对本实验中使用的联配序列选择一个最优氨基酸替代模型（amino acid substitution model）以构建系统发生树。

4. 系统总结影响系统发生树构建的因素或步骤有哪些。

》 实 验 5 《

序列拼接与基因预测

　　基因组是现代生物学最重要的研究对象之一。围绕基因组测序、拼接、注释及分析，许多生物信息学方法被提出，进而构成了生物信息学领域的一个重要部分。

　　基因组被测序后，最重要的基础工作就是拼接组装和注释。基因组从头拼接方法目前主要有两个基础算法：OLC（overlap-layout-consensus）和DBG（de Bruijin graph，德布鲁因图）。OLC算法最初是由Staden在1979年提出，广泛应用于Sanger测序数据，分为三个步骤：首先是寻找读序可能的重叠区域（overlap）；然后通过重叠区域拼接出序列片段（layout）；最后基于片段关系进行连接，经校正后获得最终序列（consensus）。基于OLC算法的软件有CAP3、Celera Assembler、Arachne、Phusion、Newbler等。随着二代测序的高速发展，OLC算法被适用于短序列拼接的DBG算法所取代，但第三代测序产生长读序的特点，又让OLC算法重新焕发生机。OLC算法被广泛应用于三代序列的从头组装，产生了以Canu、NECAT、miniasm等为代表的三代测序拼接软件。

　　第二代测序的特点是读序短、通量高，这种情况下OLC算法不再适宜于二代序列的拼接。对于短读序，由于重复序列等问题，OLC算法很难基于序列重叠获得一个正确的拼接结果。此外，在实际运算过程中，大量具有重叠关系的读序信息需要大量内存，目前计算机的能力难以承受。基于图论的方法（如DBG）特别适合处理大量具有重叠关系的短序列。基于德布鲁因图的数据结构中，利用读序 K-mer 作为顶点，读序作为边。美国加州大学圣迭戈分校的生物信息学家 Pavel Pevzner 第一次把德布鲁因图引入序列的拼接，随后他和美国生物信息学家 Micheal Waterman 一起正式将德布鲁因图引入序列拼接并开发了软件，他们提出，在德布鲁因图中可以通过寻找欧拉路径的思路来确定拼接序列。基于DBG算法的拼接软件有SOAPdenovo、ALLPATHS-LG等。

　　基因组拼接的结果往往是scaffold水平，因此通常需要组装至染色体水平。传统的组装方法主要是依靠遗传图谱，利用遗传图谱高质量SNP等类型的分子标记定位到scaffold，通过标记的定位信息确定scaffold的染色体定位信息，最终将scaffold组装成染色体。现在很多新技术不断被开发并应用于辅助基因组组装，如Hi-C技术。Hi-C技术主要基于染色体内的相互作用远大于染色体间的相互作用、近距离的相互作用远大于远距离的相互作用的基本原理，进行染色体基因组序列聚类和排序，并定向到它们的正确位置。此外还有光学图谱技术（BioNano genomics）、Chicago技术（dovetails genomics）、Linked-reads技术（10×genomics）等。

　　基因组注释（annotation）主要是指基因预测，即在基因组上鉴定基因，而广义的注释还包括所有功能元件的鉴定（如非编码RNA）及功能注释（如GO注释、蛋白质序列结构域鉴定、同源序列鉴定等）。基因预测目前主要包括三种方法：从头预测、同源比对和表达信息辅助预测。从头预测方法中，最早是通过序列核苷酸频率、密码子等特性进行预测（如CpG岛），后来一些其他方法被陆续提出，如隐马尔可夫模型（HMM）、神经网络、动态规划等。实践表明，HMM在基因预测中表现良好，如常用的从头拼接软件FGENESH、AUGUSTUS、GENSCAN等。从头预测的最大优势在于不需要利用外部证据预测基因，主要问题是预测新物种基因时，往往是利用已有模式物种的基因统计参数，即使有足够的来自该物种的训练数据集来保证基因数量层次上的准确性，但内含子-外显子剪接位点的准确率仍然较低。同源比对方法就是利用近缘物种已知的基因进行同源比对，并结合基因信号（如剪接信号、起始/终止密码子等）进行基因结构预测。利用该方法预测基因的关键之一是选择具有高质量基因注释的物种数据来进行同源比对。通过测定目标物种基因表达信息（如转录组、EST），将这些表达序列定位到基因组上，同样可以辅助基因预测。在实际基因预测过程中，通常是利用从头预测、同源比对、表达信息辅助预测之后，进行整合，获得一个完整且较准确的结果。目前主流的整合工具有EvidenceModeler和GLEAN，这类软件可从各种来源的结构预测结果中选取最可能的外显子，并将它们整合成完整的基因结构。

一、实验目的

本实验以序列拼接方法EGassembler和基因预测方法WebAUGUSTUS两个在线服务为例，要求进一步了解序列拼接和基因预测的原理与方法。

二、数据库、软件和数据

（一）数据库与软件

EGassembler（https://www.genome.jp/tools/egassembler/）、WebAUGUSTUS（http://bioinf.uni-greifswald.de/webaugustus/）、文本编辑软件UltraEdit（http://www.ultraedit.com/）。

（二）数据

NCBI核苷酸（nucleotide）数据库关键字搜索"arabidopsis lyrata［Organism］AND gbdiv_est［PROP］"、GenBank记录CR936842。

三、实验内容

（一）利用EGassembler进行序列拼接

EGassembler是京都大学的Ali Masoudi-Nejad开发的一款在线序列拼接工具，整合在京都大学生物信息学中心的GenomeNet数据库中。该工具主要针对EST、GSS、cDNA等序列，利用的是CAP3拼接程序（基于OLC算法）。

图5.1所示为EGassembler主界面（"One-Click Assembly"模式），用户仅需提交需要拼接的序列即可，如本例中的序列为来自*Arabidopsis lyrata*的EST序列：NCBI核苷酸数据库关键字搜索"arabidopsis lyrata［Organism］AND gbdiv_est［PROP］"，共获得572个记录，利用"Send to"以FASTA格式下载这些序列。

图5.2所示为该模式下其他几个参数的情况，也是EGassembler运行的5个

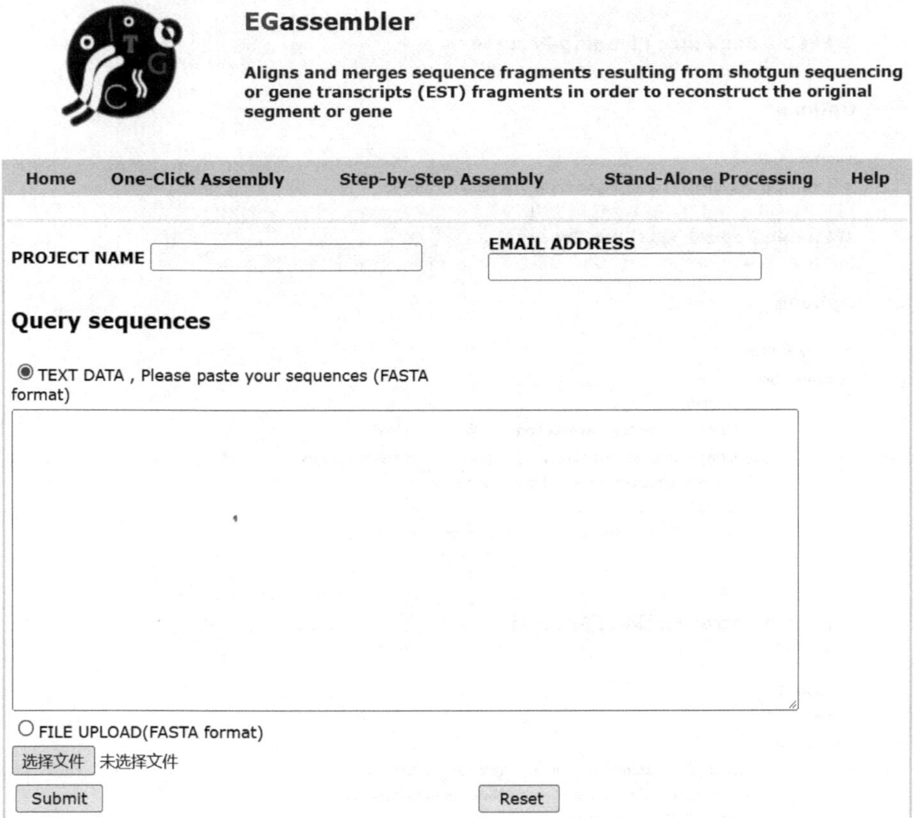

EGassembler

Aligns and merges sequence fragments resulting from shotgun sequencing or gene transcripts (EST) fragments in order to reconstruct the original segment or gene

| Home | One-Click Assembly | Step-by-Step Assembly | Stand-Alone Processing | Help |

PROJECT NAME　　　　　　　　　　　**EMAIL ADDRESS**

Query sequences

⦿ TEXT DATA , Please paste your sequences (FASTA format)

○ FILE UPLOAD(FASTA format)

选择文件　未选择文件

Submit　　　　　　　　　　Reset

图5.1　EGassembler主界面（提交页面）

步骤，分别包括污染序列、低质量序列的清除（sequence cleaning），重复序列屏蔽（repeat masking，本例选择Arabidopsis RepBase），载体序列屏蔽（vector masking，本例选择NCBI core vector library）、细胞器序列屏蔽（organelle masking，本例选择Arabidopsis Plastids），以及序列拼接参数（overlap percent identity cutoff，本例选择＞80%）。

　　结果页面分别列出了上述五步的结果（以超链接形式，提供下载）。如图5.3所示为第1步和第2步的结果。最后一步拼接结果包括CAP3拼接的所有contig（文件名".contigs"，FASTA格式）、所有未拼接的序列（文件名".singletons"，FASTA格式）、拼接序列的联配情况（文件名".cap3_alignment"），以及一个压缩文件（包含上述三个结果）。本例中共拼接成86个contig，377条序列未拼接（即singleton）。图5.4列出了拼接序列联配概要，如Contig 1是由BQ839828

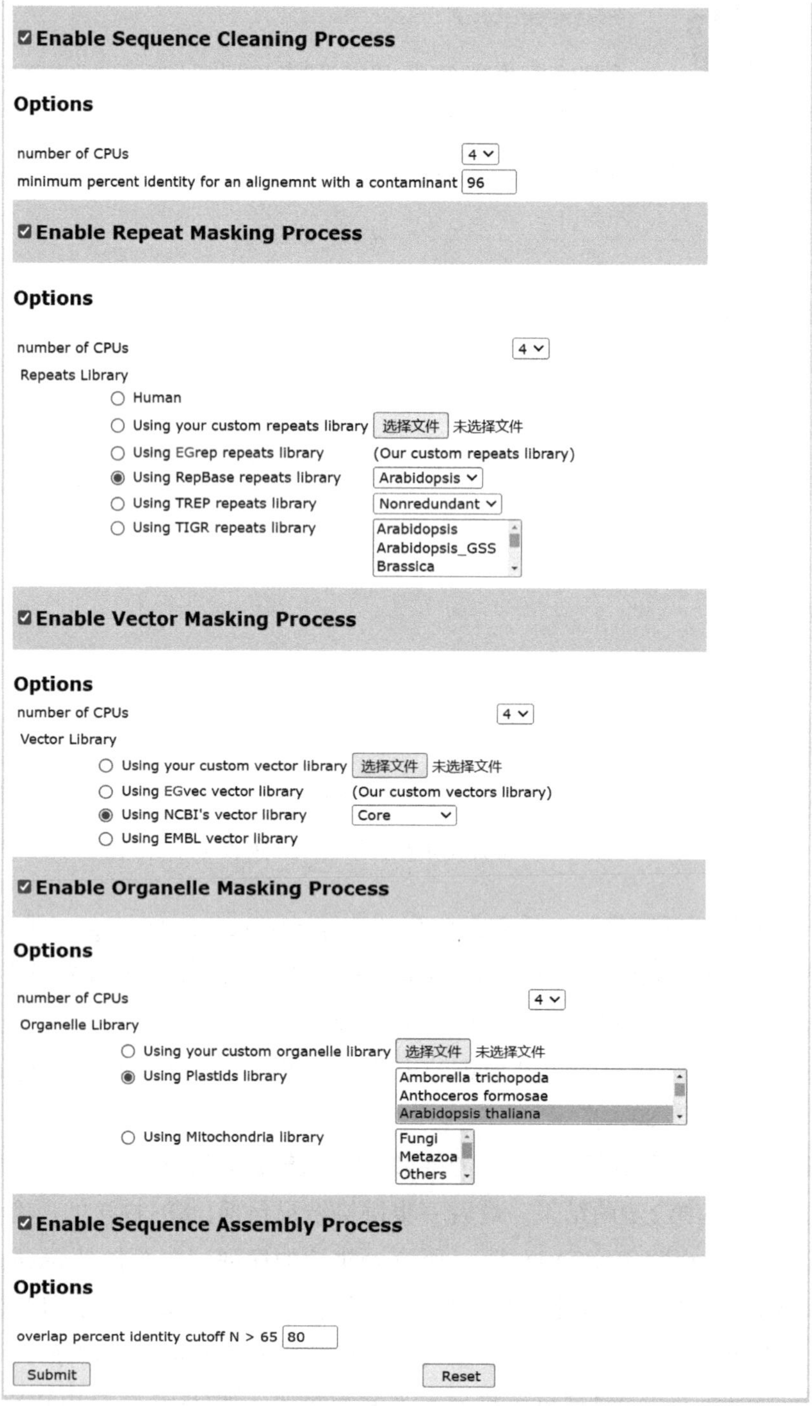

☑ **Enable Sequence Cleaning Process**

Options

number of CPUs   4 ⌄
minimum percent identity for an alignemnt with a contaminant 96

☑ **Enable Repeat Masking Process**

Options

number of CPUs   4 ⌄
Repeats Library
    ○ Human
    ○ Using your custom repeats library 选择文件 未选择文件
    ○ Using EGrep repeats library   (Our custom repeats library)
    ◉ Using RepBase repeats library   Arabidopsis ⌄
    ○ Using TREP repeats library   Nonredundant ⌄
    ○ Using TIGR repeats library   Arabidopsis
                                         Arabidopsis_GSS
                                         Brassica

☑ **Enable Vector Masking Process**

Options

number of CPUs   4 ⌄
Vector Library
    ○ Using your custom vector library 选择文件 未选择文件
    ○ Using EGvec vector library   (Our custom vectors library)
    ◉ Using NCBI's vector library   Core ⌄
    ○ Using EMBL vector library

☑ **Enable Organelle Masking Process**

Options

number of CPUs   4 ⌄
Organelle Library
    ○ Using your custom organelle library 选择文件 未选择文件
    ◉ Using Plastids library   Amborella trichopoda
                                         Anthoceros formosae
                                         Arabidopsis thaliana
    ○ Using Mitochondria library   Fungi
                                         Metazoa
                                         Others

☑ **Enable Sequence Assembly Process**

Options

overlap percent identity cutoff N > 65 80

[Submit]   [Reset]

图5.2　EGassembler主界面（参数设置页面）

```
Process 1/5 [Sequence Cleaning]
START TIME : Tue Mar 29 21:32:33 2022

            seqclean running options:
             Using 4 CPUs for cleaning
            -= Rebuilding query.seq cdb index =-
             Launching actual cleaning process:

            ****************************************************
            Sequences analyzed:       572
            ------------------------------------
                              valid:     572   (209 trimmed)
                              trashed:     0
            ****************************************************
            ------------------------------------

    Download seqclean result
    .SeqClean_all_zip in ZIP format
    .clean            result of cleaning
    .seqclean_log     log file
    .cln              summary of cleaning

END TIME : Tue Mar 29 21:32:33 2022
------------------
0.42 sec .
------------------
Process 2/5 [Repeat Masking]
START TIME : Tue Mar 29 21:32:33 2022

            ================================================================
            file name: query.seq.clean
            sequences:            572
            total length:     244335 bp  (244335 bp excl N-runs)
            GC level:          41.80 %
            bases masked:       3119 bp (  1.28 %)
            ================================================================
    Download Repeat Masking result
    .RepeatMasking_all_zip in ZIP format
    .masked           repeats are masked
    .cut              repeats are excised
    .align            alignment
    .out              summary of repeats
    .table            output table
    .xm               additional output(for parsing)

END TIME : Tue Mar 29 21:32:57 2022
```

图5.3　EGassembler结果页面（部分节选）

```
****************** Contig 1 *******************
BQ839828.1+
BQ834082.1+
****************** Contig 2 *******************
BQ834596.1+
BQ834392.1+
****************** Contig 3 *******************
BQ834593.1+
                    BQ834391.1+ is in BQ834593.1+
****************** Contig 4 *******************
BQ834588.1+
BQ834383.1+
****************** Contig 5 *******************
BQ834587.1+
BQ834382.1+
****************** Contig 6 *******************
BQ834586.1+
BQ834165.1+
****************** Contig 7 *******************
BQ834580.1+
BQ834366.1+
****************** Contig 8 *******************
BQ834577.1+
                    BQ834363.1+ is in BQ834577.1+
                    BQ834158.1+ is in BQ834577.1+
```

图5.4　EGassembler拼接序列联配的概要（部分节选）

和BQ834082拼接而来，Contig 8是由BQ834577、BQ834363和BQ834158拼接而来（后两者被包含在前者中），结果文件中同时给出了联配情况及一致性序列。

（二）利用WebAUGUSTUS进行基因预测

AUGUSTUS是由德国哥廷根大学的Mario Stanke于2003年开发的，并同时提供在线服务，是基于HMM的基因从头预测主流软件之一，目前在线服务WebAUGUSTUS由德国格赖夫斯瓦尔德大学科研人员维护（图5.5）。

| BIOINFORMATICS GROUP | MATHEMATICS AND COMPUTER SCIENCE | FACULTY OF MATH AND NATURAL SCIENCES |

AUGUSTUS Web Server Navigation

Introduction
About AUGUSTUS
Accuracy
Training Tutorial
Submit Training
Prediction Tutorial
Submit Prediction
Datasets for Download
Links & References
Impressum
Data Privacy Protection

Other AUGUSTUS Resources

AUGUSTUS Wiki
AUGUSTUS Forum
Download AUGUSTUS
Old AUGUSTUS web server
BRAKER

Other Links

Welcome to the WebAUGUSTUS Service

AUGUSTUS is a program that predicts genes in eukaryotic genomic sequences. This web server provides an interface for training AUGUSTUS for predicting genes in genomes of novel species. It also enables you to predict genes in a genome sequence with already trained parameters.

AUGUSTUS usually belongs to the most accurate programs for the species it is trained for. Often it is the most accurate ab initio program. For example, at the independent gene finder assessment (EGASP) on the human ENCODE regions AUGUSTUS was the most accurate gene finder among the tested ab initio programs. At the more recent nGASP (worm), it was among the best in the ab initio and transcript-based categories. See accuracy statistics for further details.

Please be aware that gene prediction accuracy of AUGUSTUS always depends on the quality of the training gene set that was used for training species specific parameters. You should not expect the greatest accuracy from fully automated training gene generation as provided by this web server application. Instead, you should manually inspect (and maybe interatively improve) the training gene set.

AUGUSTUS is already trained for a number of genomes and you find the according parameter sets at the prediction tutorial. **Please check whether AUGUSTUS was already trained for your species before submitting a new training job.**

The Old AUGUSTUS web server offers similar gene prediction services but no parameter training service.

OK, I got it! Take me straight to...

- AUGUSTUS training submission
- AUGUSTUS prediction submission

图5.5　WebAUGUSTUS在线服务界面

利用WebAUGUSTUS进行基因预测，一般分为两个步骤：一是对目标物种基因模型参数进行训练（AUGUSTUS training submission；图5.5），二是基因预测（AUGUSTUS prediction submission；图5.5）。WebAUGUSTUS提供了60余种已经训练好的物种基因模型参数，包含植物、动物、真菌等。用户可以选择近缘物种的模型参数进行预测从而省去第一个步骤。

图5.6所示为WebAUGUSTUS基因模型参数训练界面。用户首先需要提供邮箱地址（非必需，但通常需要，训练数据所耗的时间会较长）和物种名称（防止

重复提交已有基因模型参数的物种）。随后是提交训练数据，包括基因组序列和对应的注释相关文件。基因组序列可以以文件上传（最多允许100Mb）或者网址链接（数据上限1Gb）；注释相关文件可以提供cDNA序列、蛋白质序列和注释GFF文件其中的一种。

下文以网站本身提供的例子作为测试。该例的基因组序列来自小鼠（*Mus musculus*）的1～6号染色体序列（http://bioinf.uni-greifswald.de/webaugustus/examples/chr1to6.fa），注释相关文件为3540个基因的蛋白质序列（http://bioinf.uni-greifswald.de/webaugustus/examples/rattusProteinsChr1to6.fa）。提交任务后，会发送邮件提示是否正确接收用户提交的相关信息，同时会标注该项任务的任务号，该号码会用于后续基因预测。由于是提交网站本身的案例，任务自动停止，并发送已有结果（任务号：trainyX12W8QV）。实际训练过程中，往往会耗时较长。

训练任务完成后就可以进行下一步基因预测（图5.7）。在该步骤中，用户除了需要提交用来基因预测的基因组序列（此处以小鼠基因组一段长为208 212bp的基因组DNA序列为例，GenBank记录CR936842），还需要提供基因模型参数。如果目标物种是模型参数已知的物种或与这些物种近缘，只需在下拉菜单中选择；如果经过了第一步模型参数训练，则提供上述第一步的任务号（此例为trainyX12W8QV）或上传其结果文件（"*.tar.gz" archive file）。此外可以选择上传来自该物种的cDNA序列或者其他基因预测结果（GFF格式），从而辅助基因预测。其他选项还包括是否预测UTR、是否两条链均预测、是否预测可变剪接转录本、是否预测不完整基因等。预测结果包含GFF和GTF两种格式文件。提供每个基因的物理位置信息、编码序列及蛋白质序列。该例中，仅上传基因组序列及任务号，其他为默认参数，预测结果显示该段序列包含3个蛋白质编码基因（图5.8）。

除了AUGUSTUS这一常用的从头基因预测软件之外，常见的软件还有FGENESH及GENSCAN等。FGENESH提供了500余个物种的基因模型参数，该软件为商业软件，Softberry提供了FGENESH的网页测试版以供基因预测（http://www.softberry.com/）。

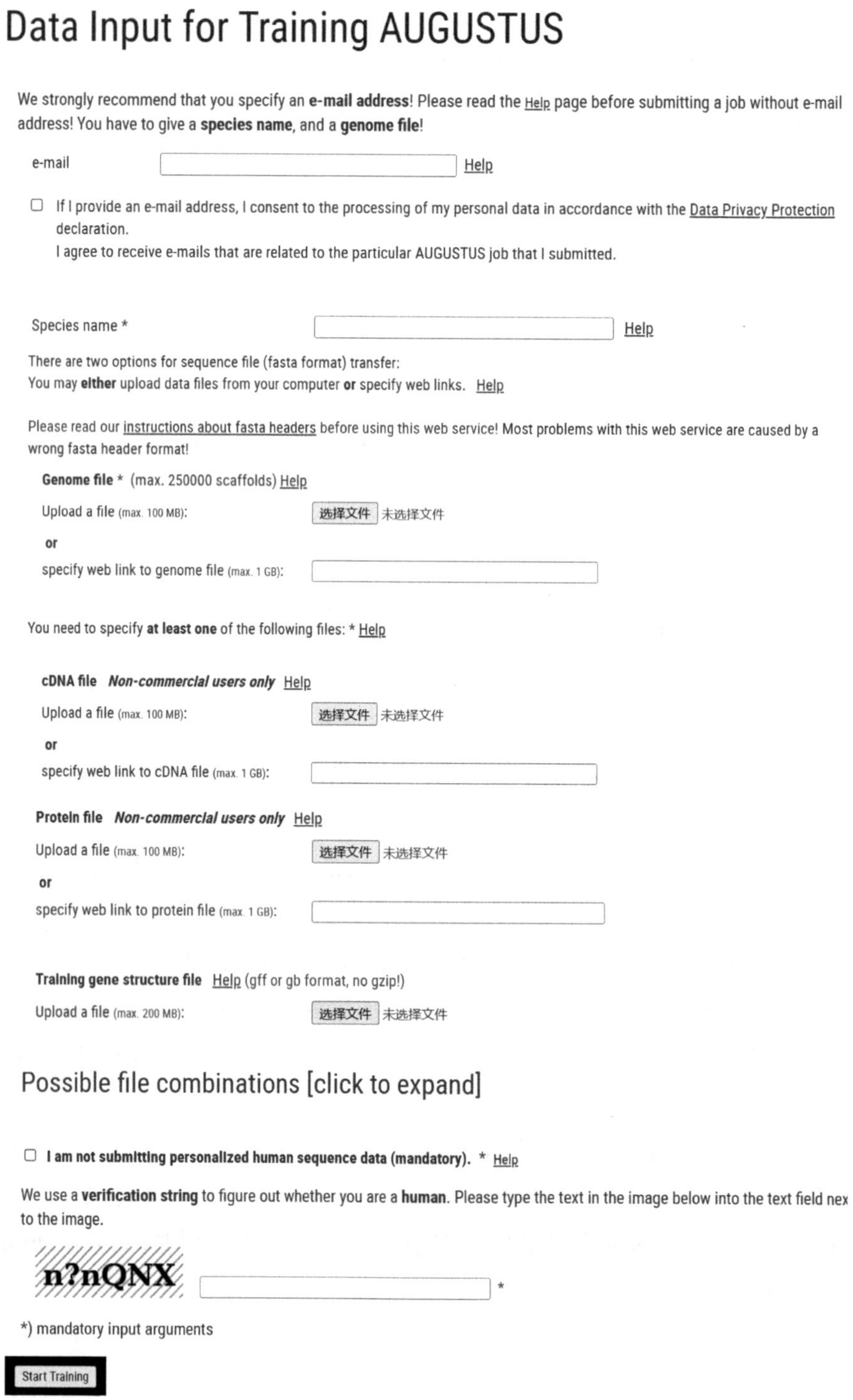

Data Input for Training AUGUSTUS

We strongly recommend that you specify an **e-mail address**! Please read the Help page before submitting a job without e-mail address! You have to give a **species name**, and a **genome file**!

e-mail [_____] Help

☐ If I provide an e-mail address, I consent to the processing of my personal data in accordance with the Data Privacy Protection declaration.
I agree to receive e-mails that are related to the particular AUGUSTUS job that I submitted.

Species name * [_____] Help

There are two options for sequence file (fasta format) transfer:
You may **either** upload data files from your computer **or** specify web links. Help

Please read our instructions about fasta headers before using this web service! Most problems with this web service are caused by a wrong fasta header format!

Genome file * (max. 250000 scaffolds) Help
Upload a file (max. 100 MB): [选择文件] 未选择文件

or

specify web link to genome file (max. 1 GB): [_____]

You need to specify **at least one** of the following files: * Help

cDNA file *Non-commercial users only* Help
Upload a file (max. 100 MB): [选择文件] 未选择文件

or

specify web link to cDNA file (max. 1 GB): [_____]

Protein file *Non-commercial users only* Help
Upload a file (max. 100 MB): [选择文件] 未选择文件

or

specify web link to protein file (max. 1 GB): [_____]

Training gene structure file Help (gff or gb format, no gzip!)
Upload a file (max. 200 MB): [选择文件] 未选择文件

Possible file combinations [click to expand]

☐ **I am not submitting personalized human sequence data (mandatory).** * Help

We use a **verification string** to figure out whether you are a **human**. Please type the text in the image below into the text field nex to the image.

n?nQNX [_____] *

*) mandatory input arguments

[Start Training]

图 5.6 WebAUGUSTUS 基因模型参数训练界面

Data Input for Running AUGUSTUS

We recommend that you specify an **e-mail address**.

e-mail [_____] Help

You must **either** upload a *.tar.gz archive with AUGUSTUS species parameters from your computer **or** specify a project identifier: Help

AUGUSTUS species parameters *

Upload an archive file (max. 100 MB): Help　[选择文件] 未选择文件

or

specify a project identifier: [_____] Help

or

select an organism: [Select One...　▼] Help

You must **either** upload a genome file from your computer **or** specify a web link to a genome file: Help

Genome file * (max. 250000 scaffolds) Help

Upload a file (max. 100 MB): [选择文件] 未选择文件

or

specify web link to genome file (max. 1 GB): [_____]

You may (optionally) also specify one or several of the following files that contain external evidence for protein coding genes: Help

cDNA file *Non-commercial users only* Help

Upload a file (max. 100 MB): [选择文件] 未选择文件

or

specify web link to cDNA file (max. 1 GB): [_____]

Hints file Help

Upload a file (max. 200 MB): [选择文件] 未选择文件

The following checkboxes allow you to modify the gene prediction behavior of AUGUSTUS:

UTR prediction Help

☐ predict UTRs (requires species-specific UTR parameters)

Report genes on

◉ both strands　○ forward strand only　○ reverse strand only

Alternative transcripts:

◉ none　○ few　○ medium　○ many

Allowed gene structure: Help

◉ predict any number of (possibly partial) genes
○ only predict complete genes
○ only predict complete genes - at least one
○ predict exactly one gene

☐ ignore conflicts with other strand

☐ **I am not submitting personalized human sequence data (mandatory).** * Help

We use a **verification string** to figure out whether you are a **human** person. Please type the text in the image below into the text field next to the image.

K2hpZs [_____] *

*) mandatory input arguments

[Start Predicting]

图 5.7　WebAUGUSTUS 基因预测界面

```
CR936842.21 AUGUSTUS    gene    34212    87750    0.08    -    .    g1
CR936842.21 AUGUSTUS    transcript 34212    87750    0.08    -    .    g1.t1
CR936842.21 AUGUSTUS    stop_codon 34212    34214    .    -    0    transcript_id "g1.t1"; gene_id "g1";
CR936842.21 AUGUSTUS    terminal    34212    34473    0.61    -    1    transcript_id "g1.t1"; gene_id "g1";
CR936842.21 AUGUSTUS    internal    50145    50223    0.14    -    2    transcript_id "g1.t1"; gene_id "g1";
CR936842.21 AUGUSTUS    initial 87648    87750    0.43    -    0    transcript_id "g1.t1"; gene_id "g1";
CR936842.21 AUGUSTUS    intron  34474    50144    0.29    -    .    transcript_id "g1.t1"; gene_id "g1";
CR936842.21 AUGUSTUS    intron  50224    87647    0.08    -    .    transcript_id "g1.t1"; gene_id "g1";
CR936842.21 AUGUSTUS    CDS 34215    34473    0.61    -    1    transcript_id "g1.t1"; gene_id "g1";
CR936842.21 AUGUSTUS    CDS 50145    50223    0.14    -    2    transcript_id "g1.t1"; gene_id "g1";
CR936842.21 AUGUSTUS    CDS 87648    87750    0.43    -    0    transcript_id "g1.t1"; gene_id "g1";
CR936842.21 AUGUSTUS    start_codon 87748    87750    .    -    0    transcript_id "g1.t1"; gene_id "g1";
CR936842.21 AUGUSTUS    gene    134128   157654   0.28    -    .    g2
CR936842.21 AUGUSTUS    transcript 134128  157654   0.28    -    .    g2.t1
CR936842.21 AUGUSTUS    stop_codon 134128  134130   .    -    0    transcript_id "g2.t1"; gene_id "g2";
CR936842.21 AUGUSTUS    terminal    134128  134339   0.52    -    2    transcript_id "g2.t1"; gene_id "g2";
CR936842.21 AUGUSTUS    internal    140739  141095   0.99    -    2    transcript_id "g2.t1"; gene_id "g2";
CR936842.21 AUGUSTUS    initial 157600  157654   0.81    -    0    transcript_id "g2.t1"; gene_id "g2";
CR936842.21 AUGUSTUS    intron  134340  140738   0.33    -    .    transcript_id "g2.t1"; gene_id "g2";
CR936842.21 AUGUSTUS    intron  141096  157599   0.82    -    .    transcript_id "g2.t1"; gene_id "g2";
CR936842.21 AUGUSTUS    CDS 134131   134339   0.52    -    2    transcript_id "g2.t1"; gene_id "g2";
CR936842.21 AUGUSTUS    CDS 140739   141095   0.99    -    2    transcript_id "g2.t1"; gene_id "g2";
CR936842.21 AUGUSTUS    CDS 157600   157654   0.81    -    0    transcript_id "g2.t1"; gene_id "g2";
CR936842.21 AUGUSTUS    start_codon 157652  157654   .    -    0    transcript_id "g2.t1"; gene_id "g2";
CR936842.21 AUGUSTUS    gene    161122   208212   0.07    -    .    g3
CR936842.21 AUGUSTUS    transcript 161122  208212   0.07    -    .    g3.t1
CR936842.21 AUGUSTUS    stop_codon 161122  161124   .    -    0    transcript_id "g3.t1"; gene_id "g3";
CR936842.21 AUGUSTUS    terminal    161122  161395   0.25    -    1    transcript_id "g3.t1"; gene_id "g3";
CR936842.21 AUGUSTUS    internal    192435  192660   0.33    -    2    transcript_id "g3.t1"; gene_id "g3";
CR936842.21 AUGUSTUS    intron  161396  192434   0.25    -    .    transcript_id "g3.t1"; gene_id "g3";
CR936842.21 AUGUSTUS    intron  192661  208212   0.15    -    .    transcript_id "g3.t1"; gene_id "g3";
CR936842.21 AUGUSTUS    CDS 161125   161395   0.25    -    1    transcript_id "g3.t1"; gene_id "g3";
CR936842.21 AUGUSTUS    CDS 192435   192660   0.33    -    2    transcript_id "g3.t1"; gene_id "g3";
```

图5.8　WebAUGUSTUS基因预测结果

四、问题与讨论

1. 分别利用WebAUGUSTUS及FGENESH和GENSCAN在线服务对一段竹基因组序列（GenBank记录GQ252886）进行基因预测，并比较结果异同。

2. 相较于真核生物基因预测，原核生物基因预测是否要容易些？为什么？

3. 如何评估基因组拼接组装的质量？

4. 如何评估基因组注释（基因预测）的质量？

》 实 验 6 《

基因组可视化

可视化是生物信息学的重要研究内容之一，其目的是展示、理解、分析和解释生物信息数据。基因组可视化是对基因组各个位置的特征予以呈现，可以是一个物种自身基因组特征的可视化，也可以是以参考基因组为基础的多个个体基因组特征的可视化。基因组可视化利用多种数据可视化技术，通常以基因组DNA序列为坐标轴，将基因、基因组变异、序列比对、注释、表达等多种数据信息映射到DNA序列坐标轴上，从而实现对基因组特征的可视化。

目前用来基因组可视化的工具主要分为线性可视化和环形可视化两种。①线性可视化通常以基因组DNA序列为线性坐标轴，基因组特征是一个个独立的轨迹（track），这些轨迹可以映射到DNA坐标轴上。其优点是有很好的交互性，根据需求可以在从染色体水平到碱基水平的不同尺度下缩放；缺点是其按照每条染色体展示，无法反映全基因组水平特征及染色体间的关联。该类工具包括GBrowse、JBrowse、IGV等。②以Circos为代表的环形基因组可视化方法是将基因组所有染色体序列以环形同时呈现，随后其他各种不同基因组特征也呈环形向外圈延伸，且可以反映不同染色体之间的关联，这种方法的缺点是交互性差。

GBrowse是第一款基于网页的基因组浏览器，研发之初是为了在WormBase中使用，2002年1月作为一个独立的基因组浏览器释放。2010年1月释放了第二版，该版可以支持NGS数据。GBrowse支持DNA和RNA序列比对信息，可以以多种分辨率显示（从整个染色体到单个碱基）。数据可以直接上传或通过URL链接，这些数据可以选择公开或有选择地与合作者共享。JBrowse是2009年由加州大学伯克利分校Ian H. Holmes实验室研发。JBrowse基于JavaScript和HTML5，具备支持动态界面、响应速度快、支持大规模数据集等优点。此外，相比GBrowse，JBrowse支持更多种数据类型，如FASTA、bigWig、BAM、VCF、GFF3、BED、GenBank等。目前，越来越多的物种基因组数据库选择利用JBrowse作为其基因组浏览器。除了上述这两款最知名的基因组浏览器之外，还有其他多种浏览器，如Biodalliance、UCSC Genome Browser、Ensembl's browser等。NCBI数据库构建的Genome Data Viewer包含超过1500种生物的基因组信息，可以做一些相关分析，如直接调用NCBI BLAST等（图6.1）。

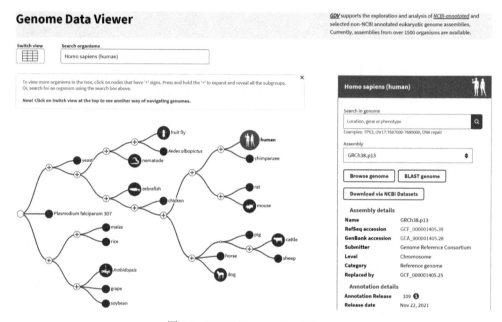

图6.1　NCBI Genome Data Viewer

IGV（Integrative Genomics Viewer）由Broad研究所的James T. Robinson和Jill P. Mesirov研发，是一款交互式基因组数据可视化工具，个人电脑即可安装运行，支持BAM、BED、FASTA、GFF、VCF等多种格式数据，可以呈现序列比对、遗传变异、表达等多种信息。

Circos由加拿大迈克尔·史密斯基因组科学中心的Martin Krzywinski开发，是一款针对基因组数据，采用环形方式展示的可视化工具，现在也广泛应用于其他类型数据的可视化。此外也常用于比较基因组学分析数据的可视化，如物种间或物种内不同染色体共线性等。

一、实验目的

本实验以 GBrowse、JBrowse、IGV、shinyCircos 工具为例，要求掌握基因组可视化的基本应用。

二、数据库、软件和数据

（一）数据库与软件

TAIR（https://www.arabidopsis.org/）、IGV（https://igv.org/）、shinyCircos（https://venyao.xyz/shinyCircos/）、文本编辑软件 UltraEdit（http://www.ultraedit.com/）。

（二）数据

上述工具的案例数据、拟南芥1001基因组 VCF 数据（部分）。

三、实验内容

（一）基因组浏览器 GBrowse

不少基因组数据库利用 GBrowse 进行可视化，下文以拟南芥 TAIR 基因组数据库 GBrowse 为例，讲解 GBrowse 的一些基础功能。

进入 TAIR 数据库，点击"Tools"－"GBrowse"即进入 GBrowse 界面（图6.2）。用户可根据物理位置对其可视化范围或目标进行调整，查找该物理位置之内的相关基因组信息，如是否有基因等，图6.2显示的是拟南芥1号染色体1 504 365～1 514 364的位置之内的相关信息（在"Landmark or Region"处输入"Chr1:1, 504, 365..1, 514, 364"）。此外，也可以输入基因位点名（如"AT1G01040"）以查看该基因范围的相关信息。

对于显示的内容，可以利用"Select Tracks"对不同轨迹（track）进行选择。TAIR GBrowse 整合了基因组拼接、注释、表达、表观、基因家族、遗传变异等多类信息（图6.3）。如图6.2所示的信息则包括基因注释结构、基因组变异、假基因、非编码 RNA、cDNA、转座子、标记等。对于每一个 track，点击其上的"？"

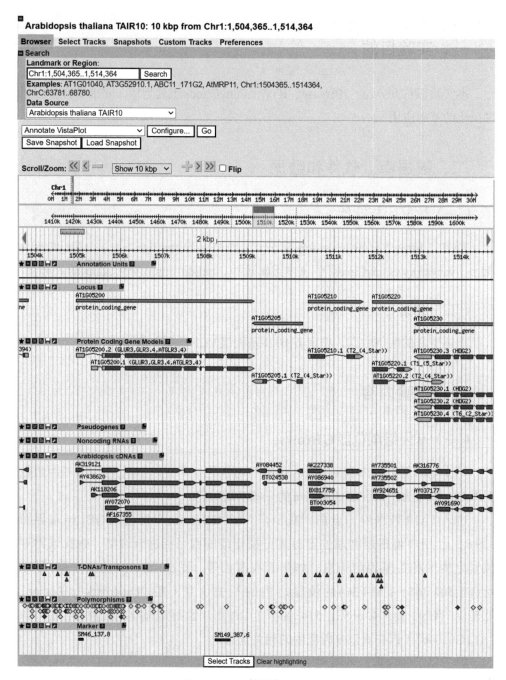

图6.2　TAIR数据库GBrowse

（"About this track"）可以查询该track的进一步解释，并提供该track所有数据的下载；点击其上的箭头标识（"Pop out/in"），可以对该track单独进行图片保存。

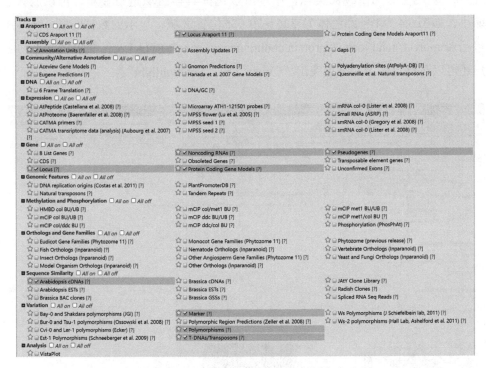

图6.3 TAIR GBrowse可供展示的基因组不同信息（即track）

勾选的内容对应图6.2展示的内容

对于显示的该区段基因组序列，可以在GBrowse上下载（点击"Download Decorated FASTA Sequence"－"Go"），页面上也设置了放大、缩小等（zoom）功能，方便用户在不同尺度查看基因组信息。

此外，用户还可以利用"Custom Tracks"功能上传数据，以可视化自己感兴趣的基因组信息，上传数据可以是BED、GBrowse Feature File Format、GFF、GFF3、Wiggle、bigWig（索引的二进制wiggle文件）、bigBed（索引的二进制BED文件）、BAM、SAM、useq等文件。

（二）基因组浏览器JBrowse

目前，JBrowse正被越来越多的基因组数据库采用，成为更主流的基因组浏览器。TAIR同样也整合了JBrowse作为其基因组浏览器之一。

进入TAIR数据库，点击"Tools"－"JBrowse"即进入JBrowse界面（图6.4）。与上述GBrowse类似，用户可以选择具体区域进行显示，可以放大、缩小，如图6.4为1号染色体73 326～79 055位置区域，显示的数据特征（track）包括Araport11 gene locus、protein coding genes、small RNA Loci、TDNA-seq。用户还可以对特定区域用亮色突出（"View"－"Set highlight"）。

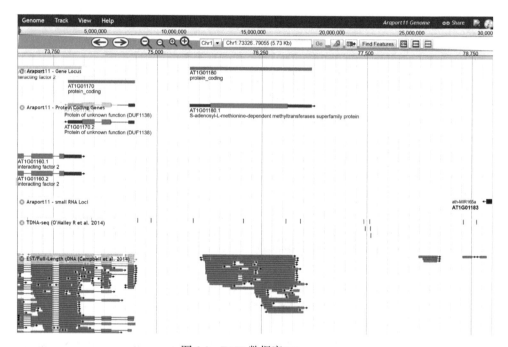

图6.4　TAIR数据库JBrowse

对于每一个track，可点击查看相关信息，上下移动、删除、保存数据，以及调整显示形式等。同时，每一个数据都可以点击查看详细信息，如图6.5所示为"protein coding genes"类别为"AT1G01170.2"的基因的详细信息、序列下载及可视化。

TAIR数据库JBrowse整合了多种类型的基因组信息，主要包含拼接、基因注释、同源基因、表达、遗传变异等（图6.6）。

（三）基因组可视化工具IGV

IGV应用程序可以从其官网上下载，包括Windows、Linux和Mac OS多

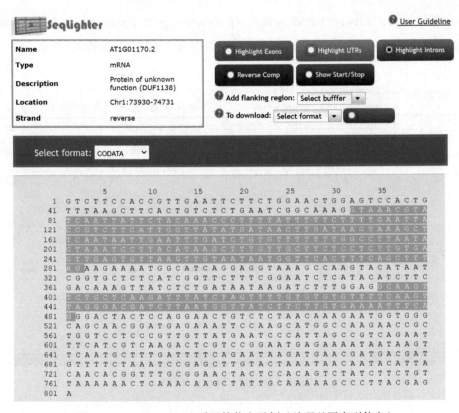

图6.5　TAIR JBrowse查看具体信息示例（编码基因序列信息）

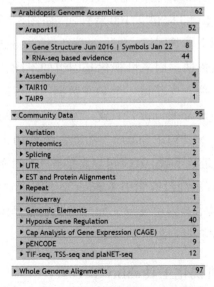

图6.6　TAIR JBrowse可供展示的基因组不同信息（即 track）

数字表示该类别数据的不同来源情况

个系统（https://software.broadinstitute.org/software/igv/download），此处以下载Windows系统（包含java）为例，下载后安装即可，IGV界面如图6.7所示。

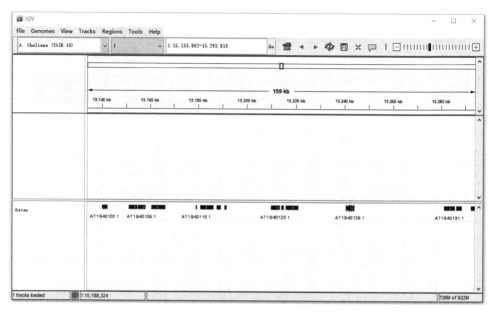

图6.7 基因组可视化工具IGV

IGV默认显示的是人hg19基因组，从下拉菜单中可以选择多种不同物种的基因组（当前版本2.12.3提供了100余种），如图6.7所示为拟南芥基因组（TAIR10），用户也可以上传基因组（"Genomes"－"Load genome from…"）。

IGV支持多种格式数据，用来可视化基因组的不同特征。下文以基因组变异VCF数据为例进行介绍。先获得一个VCF数据——可以前往拟南芥1001基因组数据库（https://1001genomes.org/）下载，为了节省时间，可以仅下载少部分区域，如利用"Tools"－"VCF Subset"功能，选择10个材料，输入提取的区域"Chr1:1..100 000"，进行下载。IGV可以直接导入VCF数据（"File"－"Load from file"），导入后会提示尚没有索引（index），IGV会自行进行索引。图6.8所示为添加VCF数据后显示基因组变异。如果需要查看具体变异，可以对每个位置进行点击从而查看具体基因型（图6.9）。

（四）在线环形可视化工具shinyCircos

Circos被广泛运用于多种类型数据的环形可视化（http://www.circos.ca/），同

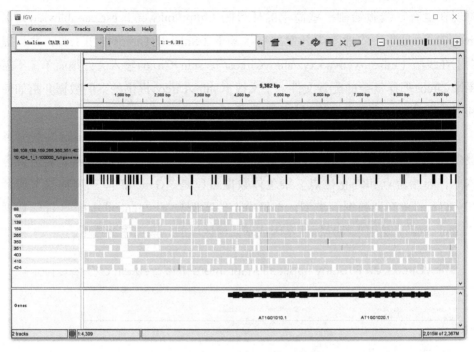

图6.8　IGV展示基因组变异情况

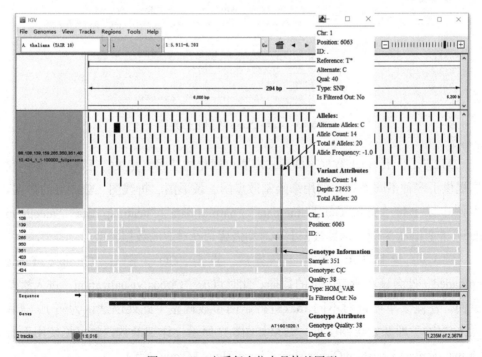

图6.9　IGV查看每个位点具体基因型

时现在也有在线版绘制一些简单的环形图（http://mkweb.bcgsc.ca/tableviewer/）。shinyCircos是华中农业大学开发的一款基于R/Shiny的Circos画图工具，并且提供了在线版（https://venyao.xyz/shinyCircos/）。shinyCircos输入文件很简单，不需要像Circos那样复杂的配置文件。下文根据shinyCircos提供的案例数据介绍如何利用shinyCircos在线服务绘制基因组数据环形图。

第1步：上传文件（图6.10）。除了染色体数据，目前shinyCircos在线服务最多允许上传10组数据（track 1～10）。这些数据的前三列都要求分别是染色体号、起始位点和终止位点。染色体数据可以是"General"（三列数据）或者"Cytoband"（五列数据）类型，本例中上传案例数据"general data"。标签数据（"label data"）是用来特异标注基因或基因组区域的，该选项为选填。

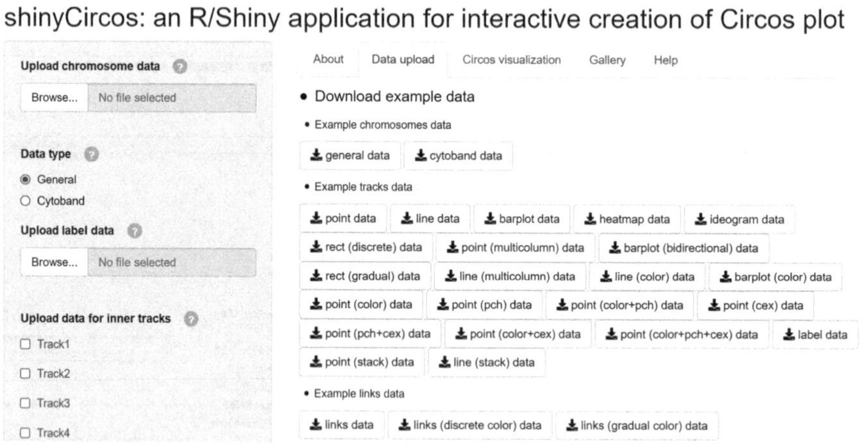

图6.10　shinyCircos数据上传界面

第2步：上传track数据，即用户需要可视化的基因组相关特征数据。案例数据提供了多种不同类型，如用来绘制散点图、条形图、折线图、热图等的数据。本例中以上传"point data""line data""barplot data""heatmap data""ideogram data"5个track为例，每种数据上传时均需要选择对应的数据类型。

第3步：绘制图形。数据上传完后，点击"GO"，随后"Glimpse of data uploaded"处会显示所有上传的数据。此时点击"Circos visualization"进入绘图页面，左侧菜单可以对不同track进行画图参数调整（此处以默认为例），随后点击"GO"即开始绘制图形，结果如图6.11所示。详细参数调整可见使用手册（https://venyao.xyz/shinyCircos/shinyCircos_Help_Manual.pdf）。

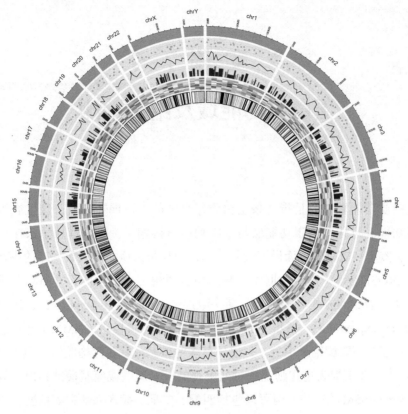

图6.11　shinyCircos绘制基因组数据环形图

四、问题与讨论

1．请在TAIR Gbrowse中搜索AT1G01040，并查看该基因相关的注释、表达、变异、同源序列等信息。

2．尝试利用IGV展示与上述VCF不同类型的数据。

3．尝试利用shinyCircos对上述Circos图做进一步美化调整。

4．熟悉NCBI Genome Data Viewer，查看自己感兴趣的物种。

》 实验 7 《

蛋白质功能域及结构预测

蛋白质功能域一般是指一条蛋白质序列中的一段保守区域，该区域可以独立行使功能和进化。由于功能域与基因功能直接相关，生物信息学家在功能域的查找、鉴定和应用等方面做了大量工作，包括蛋白质功能域数据库的搭建，如 Pfam、PROSITE 等，这些数据库在基因功能预测及进化分析等方面起了重要作用。描述功能域的方式有多种，包括一致序列（consensus sequence）、正则表达式（regular expression）、概型（profile）和隐马尔可夫模型（HMM）等：①一致序列是指多序列联配结果中每一列出现最多的碱基或氨基酸构成的序列（是一条单一序列）。②正则表达式则是把每列出现的所有碱基或氨基酸都列出。③概型是一个类似 PSSM 的矩阵，但可以包括匹配、错配、插入和缺失等情况，该矩阵提供了多序列联配中每一列出现各种氨基酸（或空格）的概率。④HMM 则是通过构建多序列联配隐马尔可夫概率模型进行功能域描述。目前一致序列和正则表达式已经很少使用，使用更多的是概型和隐马尔可夫模型。

蛋白质结构预测通常是指基于蛋白质的氨基酸序列预测其二级结构和三级结构。由于蛋白质的生物学功能在很大程度上依赖于其空间结构，因而进行蛋白质的结构预测对于理解蛋白质结构和功能的关系，并在此基础上进行蛋白质复性、突变体设计及基于结构的药物设计等具有重要意义。

蛋白质二级结构是指多肽链主链原子借助于氢键沿一维方向排列成的具有周期性的结构现象，如α螺旋、β折叠、β转角、无规卷曲等。蛋白质二级结构预测方法大致可以分为统计学方法（如 Chou-Fasman 法）、基于立体化学原则的物理化学方法（如 Lim 法）和神经网络与人工智能方法（如反馈式神经网络算法 BP 网络）三大类。蛋白质二级结构预测的主要工具有 PSIPRED、SOPMA、PredictProtein、nnpredict、SSPRED、GOR、SCRATCH 等。

蛋白质三级结构是指多肽链的三维结构，包括骨架和侧链在内的所有原子的空间排列。随着结构生物学的发展，实验获得的蛋白质结构越来越多，计算机技术的快速发展也极大地促进了三级结构预测的发展。目前蛋白质三级结构的预测方法主要包括同源建模法（homology modeling）、折叠识别法（fold recognition）和从头预测法（*ab initio* prediction）：①同源建模法是一种基于知识的蛋白质结构预测方法。对于一个未知结构的蛋白质，如果找到一个已知结构的同源蛋白质，就可以以该蛋白质为模板，为未知结构蛋白质建立结构模型。同源建模通常包括模板搜寻、序列比对、结构保守区寻找、目标模型搭建、结构优化和评估等步骤。常用方法有 SWISS-MODEL 等。②折叠识别法基于这样一个事实——很多没有序列相似性的蛋白质具有相似的折叠模式。该方法可以弥补同源建模法只能依赖序列相似性寻找模板的不足。目前基于该方法的最著名的程序是 I-TASSER。③从头预测法也称为理论计算预测，不基于已有知识，从蛋白质一级结构出发，根据物理化学、量子化学、量子物理的基本原理，利用各种理论方法计算蛋白质肽链所有可能构象的能量，从中寻找能量最低的构象，作为蛋白质的天然构象。比较知名的从头预测法有 Rosetta、QUARK、SCRATCH 等，还有依赖深度神经网络的 AlphaFold。

一、实验目的

本实验以 Pfam、InterProScan、PSIPRED、SOPMA、SWISS-MODEL、I-TASSER 工具为例，要求掌握蛋白质序列保守功能域、二级结构及三级结构预测的常用方法。

二、数据库、软件和数据

（一）数据库与软件

Pfam（http://pfam.xfam.org/）、InterProScan（http://www.ebi.ac.uk/interpro/）、PSIPRED（http://bioinf.cs.ucl.ac.uk/psipred/）、SOPMA（https://npsa-prabi.ibcp.fr/cgi-bin/npsa_automat.pl?page=npsa_sopma.html）、SWISS-MODEL（https://swissmodel.expasy.org/）、I-TASSER（https://zhanggroup.org/I-TASSER/）、文本编辑软件 UltraEdit（http://www.ultraedit.com/）。

（二）数据

NCBI记录NP_198067。

三、实验内容

（一）蛋白质序列保守功能域鉴定

1. Pfam

Pfam是著名的蛋白质序列功能域（domain）数据库之一，最新版是第35.0版，2021年11月发布，包含19 632个条目（entry）。Pfam数据库包括蛋白质家族（family）和由多个相似family汇聚成的更高级的簇（clan）。Pfam数据库提供了蛋白质序列功能域鉴定功能，点击"SEARCH"－"Batch search"即可进行蛋白质序列功能域批量预测（https://pfam.xfam.org/search#tabview=tab1；图7.1）。目前该功能实际由HMMER所承担，提交序列后，页面转至HMMER在线服务（HMMScan程序）。批量搜索需要提供邮箱地址，且等待时间较长。

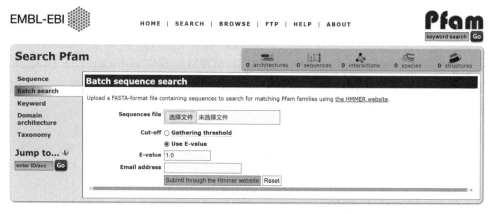

图7.1　Pfam蛋白质序列功能域鉴定

本实验以单条序列（NCBI记录NP_198067）为例进行预测，图7.2为该条序列蛋白质功能域预测结果。结果页面提供了该序列的功能域及其位置、对应Pfam的记录号（以"PF"开头）、简单描述、E值，以及多种格式的结果文件下载。点击对应的功能域名称会链接至Pfam数据库，可进一步查看该功能域相关信息。

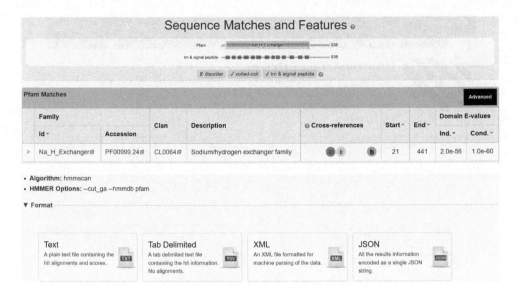

图 7.2　HMMScan 蛋白质序列（NP_198067）功能域预测结果

2. InterPro

InterPro 整合了 TIGRFAMs、SFLD、PANTHER、HAMAP、PROSITE profiles、PROSITE patterns、SMART、CDD、PRINTS、Pfam、PIRSF 等多个蛋白质功能域数据库，在 InterPro 中搜索的蛋白质功能域最为齐全。

InterProScan 是用来预测功能域的工具，其在线服务一次仅允许对单条序列进行预测（图 7.3）。同样以上述蛋白质序列（NP_198067）为例，默认参数提交。预测结果如图 7.4 所示。该条序列共预测 InterPro 三个条目（IPR004709、IPR018422、IPR006153），三者互相有包含/被包含或重叠的关系。点击其中任意一个条目（如 IPR018422），可以详细查看该 InterPro 记录的相关信息，包括该记录的基本功能描述及与其他记录（蛋白质家族）之间的关系等（图 7.4）。此外，在结果中还可以查看 InterPro 所整合的其他蛋白质功能域数据库记录，如本例中的 TIGR00840（TIGRFAMs 数据库）、PTHR10110（PANTHER 数据库）、PF00999（Pfam 数据库）、PTHR10110：SF163（PANTHER 数据库）等。点击这些记录号，将链接至所在数据库中。

（二）蛋白质二级结构预测

1. SOPMA

SOPMA 是由法国蛋白质生物与化学研究所的 Gilbert Deléage 和 Christophe

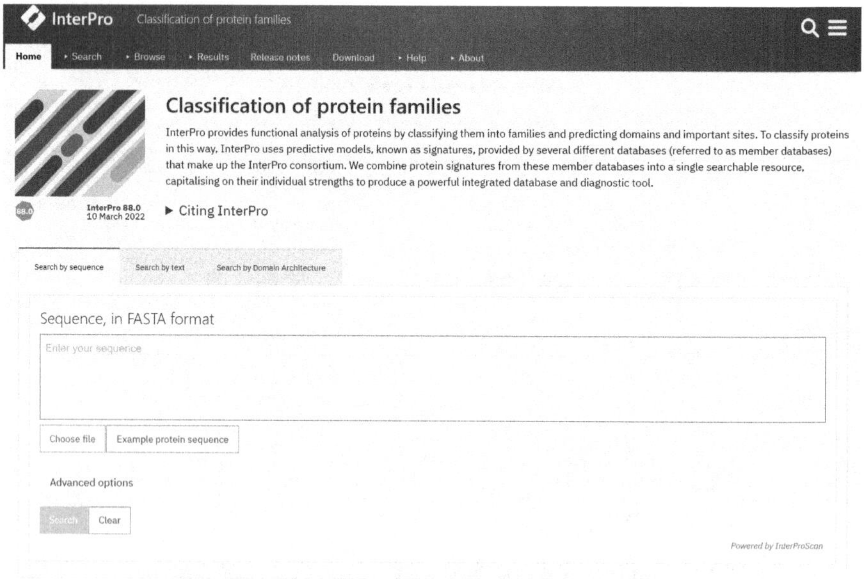

图7.3　InterProScan在线服务

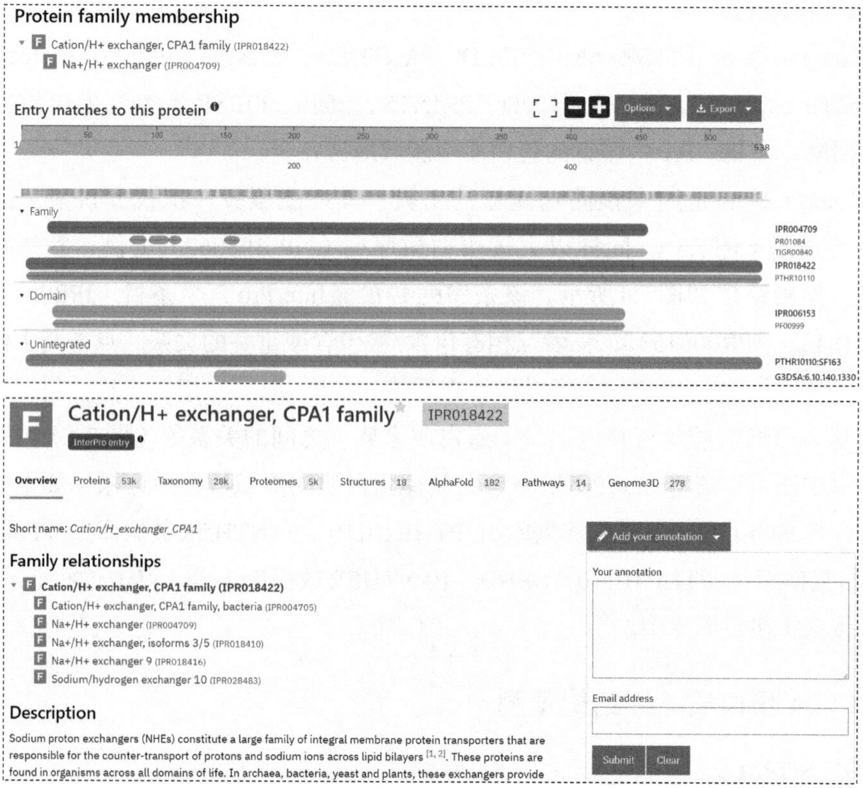

图7.4　InterProScan预测结果（NP_198067）

Geourjon在20世纪90年代开发的预测蛋白质二级结构的方法，是SOPM（self-optimized prediction method）的升级版。该方法首先基于Levin同源预测法，通过比对蛋白质数据库中相同基因家族的序列，获得同源蛋白，再经SOPM自优化预测方法比对相似结构，从而预测蛋白质二级结构。图7.5是SOPMA在线服务界面（https://npsa-prabi.ibcp.fr/cgi-bin/npsa_automat.pl?page＝npsa_sopma.html），用户仅需提交序列即可。

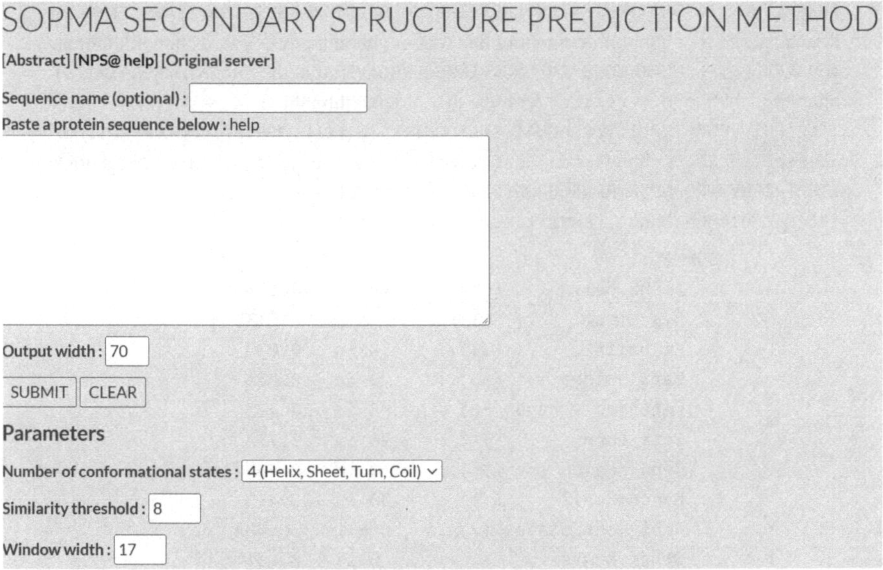

SOPMA SECONDARY STRUCTURE PREDICTION METHOD

[Abstract] [NPS@ help] [Original server]

Sequence name (optional) :

Paste a protein sequence below : help

Output width : 70

SUBMIT　CLEAR

Parameters

Number of conformational states : 4 (Helix, Sheet, Turn, Coil)

Similarity threshold : 8

Window width : 17

图7.5　SOPMA在线服务界面

以NP_198067为例，该序列主要包含α螺旋（alpha helix；240个氨基酸，所占比例为44.61%）、无规卷曲（random coil；180个氨基酸，33.46%）、延伸链（extended strand；98个氨基酸，18.22%）、β折叠（beta turn；20个氨基酸，3.72%）（图7.6）。此外，结果中还提供分布图。

2. PSIPRED

PSIPRED是英国David T. Jones实验室基于前馈神经网络（feed-forward neural network）开发的蛋白质二级结构预测方法。该方法首先使用PSI-BLAST在数据库中搜索相似蛋白质序列，构建多序列联配，然后在此基础上进行结构预测。PSIPRED是最常用的蛋白质二级结构预测方法之一，其在线服务（http://bioinf.cs.ucl.ac.uk/psipred/）至今已运行超过20年（2000年开始），平均每年用户提交25万条蛋白质序列预测二级结构。图7.7所示为PSIPRED在线服务界面，用户选

```
           10         20         30         40         50         60         70
            |          |          |          |          |          |          |
MLDSLVSKLPSLSTSDHASVVALNLFVALLCACIVLGHLLEENRWMNESITALLIGLGTGVTILLISKGK
hhhhhhhhhhccccchhhhhhhhhhhhhhhhhhhhhhhhhhhhhhhhhhhhhhhhhhhhcctteeeeeecccc
SSHLLVFSEDLFFIYLLPPIIFNAGFQVKKKQFFRNFVTIMLFGAVGTIISCTIISLGVTQFFKKLDIGT
cceeeeecctteeeeeecccceeecttcccccchhhhhhhheeehhhhhhhhhhhhhhhhhhhhhhh ccc
FDLGDYLAIGAIFAATDSVCTLQVLNQDETPLLYSLVFGEGVVNDATSVVVFNAIQSFDLTHLNHEAAFH
cccchhhhhheeccccchhhheecttccchheeeeeeecccchhhhhhheeehhhhhhcccccchhhhhh
LLGNFLYLFLLSTLLGAATGLISAYVIKKLYFGRHSTDREVALMMLMAYLSYMLAELFDLSGILTVFFCG
hhhhheeeehhhhhhhhhhhhhhhhhhhhhhcccccccccchhhhhhhhhhhhhhhhhhhhhtteeeeehh
IVMSHYTWHNVTESSRITTKHTFATLSFLAETFIFLYVGMDALDIDKWRSVSDTPGTSIAVSSILMGLVM
heechecccccccccchhhhhhhhhhhhhhhheeeeeecchhhhhcccccccccccchhhhhhhhhhhh
VGRAAFVFPLSFLSNLAKKNQSEKINFNMQVVIWWSGLMRGAVSMALAYNKFTRAGHTDVRGNAIMITST
hhhhheecchhhhhhhccccccccccccchheeeehtthcthhhhhhhhhhhccccccccccccchheeehh
ITVCLFSTVVFGMLTKPLISYLLPHQNATTSMLSDDNTPKSIHIPLLDQDSFIEPSGNHNVPRPDSIRGF
eeeeeeeeeeetccccchheeeccccccccccccccccccceeeeecccccccccccccccchhhee
LTRPTRTVHYYWRQFDDSFMRPVFGGRGFVPFVPGSPTERNPPDLSKA
eeccccceeeehhhcchhhccceetttttceeecttccccccccccccc
```

```
            SOPMA :
            Alpha helix     (Hh) :    240 is   44.61%
            3₁₀ helix       (Gg) :      0 is    0.00%
            Pi helix        (Ii) :      0 is    0.00%
            Beta bridge     (Bb) :      0 is    0.00%
            Extended strand (Ee) :     98 is   18.22%
            Beta turn       (Tt) :     20 is    3.72%
            Bend region     (Ss) :      0 is    0.00%
            Random coil     (Cc) :    180 is   33.46%
            Ambiguous states (?) :      0 is    0.00%
            Other states         :      0 is    0.00%
```

图7.6　SOPMA预测蛋白质二级结构结果（NP_198067）

择PSIPRED程序，然后提交序列即可。

图7.8所示为上述案例（NP_198067）预测结果，该蛋白质序列主要为α螺旋和无规卷曲。同时还提供了相关结果信息的下载，以及另外一种显示形式，包括4行：可靠性（"Conf"）、卡通图片（"Cart"，表示不同的二级结构）、PSIPRED预测的二级结构（"Pred"）和氨基酸（"AA"）。此外，用户还可以根据需求对蛋白质序列的某一段感兴趣区域进行重新提交预测。

（三）蛋白质三级结构预测

1. SWISS-MODEL

同源建模法是目前最为成熟的蛋白质三级结构预测方法。根据对蛋白质结构数据库PDB中的蛋白质结构比较分析得知，任何一对蛋白质，当它们的序列

Data Input

Select input data type

✓ Sequence Data　　　PDB Structure Data

Choose prediction methods (hover for short description)

Popular Analyses

☑ PSIPRED 4.0 (Predict Secondary Structure)　　☐ DISOPRED3 (Disopred Prediction)
☐ MEMSAT-SVM (Membrane Helix Prediction)　　☐ pGenTHREADER (Profile Based Fold Recognition)

Contact Analysis

☐ DeepMetaPSICOV 1.0 (Structural Contact Prediction)　　☐ MEMPACK (TM Topology and Helix Packing)

Fold Recognition

☐ GenTHREADER (Rapid Fold Recognition)　　☐ pDomTHREADER (Protein Domain Fold Recognition)

Structure Modelling

☐ Bioserf 2.0 (Automated Homology Modelling)　　☐ Domserf 2.1 (Automated Domain Homology Modelling)
☐ DMPfold 1.0 Fast Mode (Protein Structure Prediction)

Domain Prediction

☐ DomPred (Protein Domain Prediction)

Domain Prediction

☐ DomPred (Protein Domain Prediction)

Function Prediction

☐ FFPred 3 (Eurkaryotic Function Prediction)
Help...

Submission details

Protein Sequence

Protein Sequence

Help...
If you wish to test these services follow this link to retrieve a test fasta sequence.

Job name

Job name

Email (optional)

Email (optional)

Reset　Submit

图 7.7　PSIPRED 在线服务界面

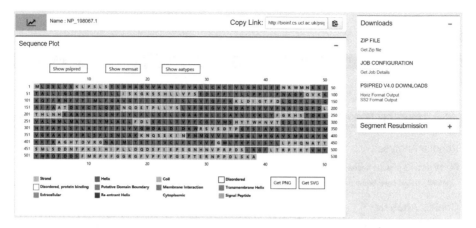

图7.8 PSIPRED预测蛋白质二级结构结果（NP_198067）

达到一定长度、相似度达到30%以上时，它们就具有相似的三维结构。SWISS-MODEL是同源建模法中应用最为广泛的算法。SWISS-MODEL在建模过程中，首先找到与目标蛋白质序列同源的已知结构作为模板，然后通过目标序列和模板序列比对，进一步预测三级结构。

打开SWISS-MODEL（https://swissmodel.expasy.org/），点击"Start Modelling"，即进入SWISS-MODEL在线预测界面（图7.9）。提交目标序列，点击"Build Model"即开始建模预测三级结构。若点击"Search For Templates"则仅寻找与目标序列同源的已知结构模板，需进一步手动选择模板再进行下一步建模。

图7.9 SWISS-MODEL在线服务界面

图7.10所示为搜索得到的模板，该例（NP_198067）中共有48个模板，默认按照GMQE（global model quality estimation）排序，对于每一个已知结构的模板都有详细的信息，如鉴定结构的实验方法等。

图 7.10　SWISS-MODEL 模板寻找结果（NP_198067）

　　建模按照第一个模板进行，会给出三个最有可能的模型，默认按照 GMQE 排序，如图 7.11 所示为第 1 个模型。从结果可知，其相似度仅 33%（若低于 30%，则表示 SWISS-MODEL 同源建模法不适用）。GMQE 和 QMEANDisCo 是两个模型质量的评估值，介于 0～1，数值越高，表示可信度越高，模型质量越好。结果中提供了不同格式文件的下载（点击"Model 01"下拉菜单）。

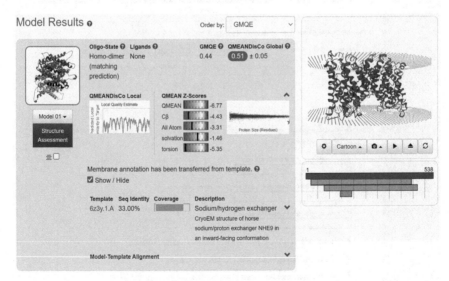

图 7.11　SWISS-MODEL 预测蛋白质三级结构结果（NP_198067）

2. I-TASSER

I-TASSER 是基于折叠识别法的最著名的蛋白质结构预测程序，由美国密歇根大学张阳课题组开发。该程序在多次蛋白质结构预测大赛（CASP 7～CASP 14，第7～14届蛋白质结构预测技术关键评估社区实验）中获得最佳表现。张阳课题组提供了I-TASSER的在线服务（图7.12）。提交序列、邮箱及账户密码，点击"Run I-TASSER"即可，基于需要的计算资源及服务器等，预测过程

图7.12　I-TASSER在线服务界面

通常较慢（往往需要几天）。

图7.13所示为蛋白质序列NP_198067的建模结果。结果会给出5个模型，每个模型的可信度用C-score来表示，C-score的范围在-5～2，数字越大，表示可信度越高。I-TASSER的结果不仅包括蛋白质三级结构（即建模结果），还包括二级结构预测、通过LOMETS预测的模板、TM-align比对的PDB相似结构、通过COFACTOR和COACH预测的蛋白质生物学功能（配体结合位点）、EC（enzyme commission）号及活性氨基酸位点、GO（gene ontology）注释等信息。例如，本例中预测的蛋白质二级结构有α螺旋和无规卷曲，相似的PDB结构为7dsvA（TM-score为0.765），相关的GO包括GO：0055078（钠离子稳态）、GO：1902600（质子跨膜转运）、GO：0098662（无机阳离子跨膜转运）等。

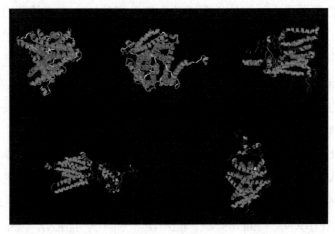

图7.13　I-TASSER预测结果（NP_198067）

四、问题与讨论

1. 对于一条未知功能的蛋白质序列，可以通过哪些生物信息学方法预测其功能？

2. 尝试了解Pfam数据库中对于某一特定蛋白质家族（如PF00999）的所有详细信息，如联配、HMM等。

3. 尝试熟悉PDB数据库。

4. 请找出一种基于从头预测法的蛋白质三级结构预测方法，并用来预测蛋白质序列NP_198067的三级结构。

》 **实验 8** 《

非编码microRNA鉴定及其靶标预测

　　非编码RNA（non-coding RNA）是指不编码蛋白质的RNA，因其不编码蛋白质所以曾被认为是"垃圾RNA"（junk RNA）。后来研究发现非编码RNA在微生物、动植物等许多生物体的生命活动中都发挥着极为广泛的调控作用，人们才逐渐意识到，非编码RNA对基因调控、农艺性状形成、病害防治及生物进化探索等都具有重要意义。非编码RNA是目前生物学领域发展最迅速的前沿领域之一，与之相应，非编码RNA鉴定和分析等相关生物信息学方法也在快速发展。本实验所指的非编码RNA主要是调节型非编码RNA，与管家（housekeeping）非编码RNA（如tRNA、rRNA等）相区分。

　　非编码RNA主要包括小RNA、长链非编码RNA和其他新类型非编码RNA（如环形RNA）。内源性非编码小RNA通常为18～24nt，通过对靶标mRNA直接剪切或抑制其翻译，在转录后水平对基因表达起调节作用。①小RNA主要分为两大类：微小RNA（microRNA，miRNA）和小干扰RNA（small interfering RNA，siRNA）。②长链非编码RNA（long noncoding RNA，lncRNA）是一类长度大于200nt且不能翻译成蛋白质的转录本。根据lncRNA与编码基因在基因组上的位置关系，可大体将lncRNA分为五类：反义lncRNA（与mRNA所在位置相同但是方向相反）、增强子lncRNA（位于mRNA增强子区域）、基因间区lncRNA（位于两个编码基因之间）、双向lncRNA（启动子区域与mRNA相同但反向转录）和内含子lncRNA（位于内含子区域）。③环形RNA是一类由于反向剪接（back splicing）而形成的单链环形分子，这一类型非编码RNA正越来越多地在生物体内被鉴定，其具有调节母基因（产生环形RNA的蛋白质编码基因）表达或剪接、吸附miRNA和蛋白质等功能。

　　尽管目前对不同类型非编码RNA的功能都有很多研究，但miRNA是调节型非编码RNA中研究最为成熟的。miRNA的功能作用机制是普遍的（即靶向

mRNA，降解mRNA或抑制翻译），而其他类型非编码RNA的功能作用机制多是限定在某一类甚至是某一个非编码RNA分子（即这样的功能作用机制是个例），因此这些非编码RNA研究起来也更为不易。

在植物中，miRNA的生成起源于一种miRNA初级转录本（pri-miRNA），它由miRNA基因经Pol Ⅱ转录酶转录并折叠形成具有茎-环结构（stem-loop）的miRNA前体（pre-miRNA）。随后在DCL1、HYL1和SE蛋白的共同催化作用下，miRNA前体茎-环结构切割形成miRNA：miRNA*的双链复合结构。在细胞质中，miRNA与AGO蛋白结合形成RISC复合体，该复合体通过碱基互补配对原则作用于靶基因，从而调节靶基因表达，而miRNA*在通常情况下都会降解且不具备调控基因表达功能。动、植物miRNA存在差异，例如，植物miRNA前体茎-环结构相比动物更大、更复杂；植物miRNA多为21或24nt，而动物多为22或23nt；植物miRNA保守性相比动物更强；植物miRNA与靶标近似完全配对（靶标配对更为严格），动物miRNA多数以不完全互补方式与其靶标mRNA的3′端UTR结合。

miRNA的计算识别主要基于miRNA序列及结构特征、保守性，以及小RNA测序等。同源比对方法主要是通过已知保守miRNA在不同物种间的序列相似性，进行同源序列搜索预测miRNA，该类方法的工具有miRAlign、miRNAminer等。邻近茎-环结构搜索的方法主要是基于动物miRNA经常成簇存在于基因组上的特点，通过对已知miRNA附近区域进行茎-环结构预测来发现成簇存在的miRNA。还有基于基因组共线性鉴定miRNA的方法，如MIRcheck软件。随着二代测序技术的成熟，利用小RNA测序数据逐渐成为miRNA鉴定的主流方法。利用这种方法，可以对一个物种的miRNA进行从头预测，在数量和精准性方面都有很大提升。

一、实验目的

本实验聚焦miRNA，介绍miRBase、PmiREN和MirGeneDB等miRNA数据库、小RNA鉴定流程sRNAtoolbox、RNA二级结构预测RNAfold，以及miRNA靶标预测psRNATarget，要求熟悉miRNA数据库，了解miRNA鉴定及掌握miRNA靶标预测相关方法。

二、数据库、软件和数据

（一）数据库与软件

miRBase（https://mirbase.org/）、PmiREN（https://pmiren.com/）、MirGeneDB（https://www.mirgenedb.org/）、sRNAtoolbox（https://arn.ugr.es/srnatoolbox）、RNAfold web server（http://rna.tbi.univie.ac.at/cgi-bin/RNAWebSuite/RNAfold.cgi）、psRNATarget（https://www.zhaolab.org/psRNATarget/）、文本编辑软件UltraEdit（http://www.ultraedit.com/）。

（二）数据

NCBI记录SRR17227516（小RNA测序数据）、PmiREN数据库Ath-MIR156a。

三、实验内容

（一）miRNA数据库

1. miRBase

miRBase（https://mirbase.org/）由英国Sam Griffiths-Jones课题组搭建维护，目前（2022年3月）更新至Release 22.1，收录有38 589个条目（entry），来自271个物种（图8.1）。该数据库在相当长一段时间内是miRNA研究者的重要数据

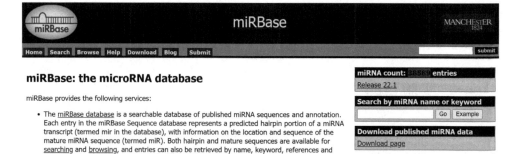

图8.1　miRBase主界面

库，但近年来更新较慢。

2. PmiREN

PmiREN 是植物 miRNA 数据库（图 8.2），由北京农林科学院杨效曾课题组搭建维护，目前释放了第二版（https://pmiren.com/）。该版共包含 38 186 个 miRNA 位点，来自 7838 个家族，这些 miRNA 来自 179 个植物物种。此外还包含 2331 个小 RNA 测序数据用来量化 miRNA 表达、116 个 PARE-Seq 数据用来验证 miRNA - 靶标关系。

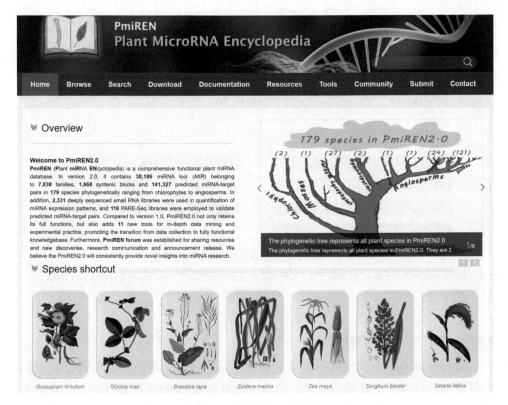

图 8.2　PmiREN 主界面

PmiREN 数据库可以浏览、下载每一个物种的所有 miRNA 信息，包括其可信度；对于每一个 miRNA 可以查看位置信息、成熟序列或茎 - 环前体序列、不同组织表达情况、不同物种保守性、共线性情况、靶标情况等（图 8.3）。

3. MirGeneDB

MirGeneDB 是动物（后生动物）miRNA 数据库，由 Bastian Fromm 和 Kevin J. Peterson 等搭建，目前更新至 2.1 版，包含超过 16 000 个 miRNA 基因（1500 多个

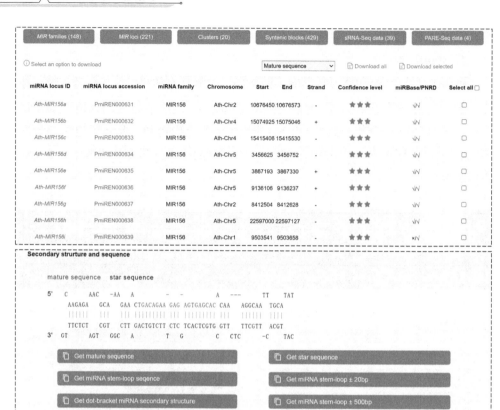

图 8.3　PmiREN 数据库拟南芥 miRNA 信息

上图表示拟南芥所有 miRNA 整体情况（部分节选）；下图表示拟南芥 MIR156a 相关信息（部分节选：茎-环结构及相关序列下载）

家族），来自 75 个不同物种。

　　MirGeneDB 数据库中同样提供了物种浏览，可以查看某一物种所有 miRNA 基因情况；提供了下载功能，可以对某一物种所有 miRNA 的前体序列、成熟序列、miRNA* 序列等进行下载；对于每一个 miRNA 条目，也提供了多种详细信息（图 8.4）。

（二）利用 sRNAtoolbox 鉴定 miRNA

　　sRNAtoolbox 在线服务（https://arn.ugr.es/srnatoolbox）由西班牙的 Michael Hackenberg 课题组开发，包含以下 5 个部分。①sRNAbench：利用高通量小 RNA 测序数据，进行小 RNA（含 miRNA）鉴定及表达分析。②sRNAde：小

MirGeneDB 2.1

Home | Browse　Search　Download　Information

Welcome to MirGeneDB 2.1 - the curated microRNA Gene Database

MirGeneDB is a database of manually curated microRNA genes that have been validated and annotated as initially described in Fromm et al. 2015 and Fromm et al. 2020. MirGeneDB 2.1 includes more than 16,000 microRNA gene entries representing more than 1,500 miRNA families from 75 metazoan species and published in the 2022 NAR database issue. All microRNAs can be browsed, searched and downloaded.

567 Homo sapiens microRNA genes

MirGeneDB ID ▲	MiRBase ID	Family	Seed	5p accession	3p accession	Chromosome	Start	End	Strand
							Sort by genome coordinates		
Hsa-Let-7-P1b	hsa-let-7e	LET-7	GAGGUAG	MIMAT0000066	MIMAT0004485	chr19	51692793	51692859	+
Hsa-Let-7-P1c	hsa-let-7c	LET-7	GAGGUAG	MIMAT0000064	MIMAT0026472	chr21	16539838	16539904	+
Hsa-Let-7-P1d	hsa-let-7a-2	LET-7	GAGGUAG	MIMAT0000062	MIMAT0010195	chr11	122146523	122146589	-
Hsa-Let-7-P2a1	hsa-let-7a-1	LET-7	GAGGUAG	MIMAT0000062	MIMAT0004481	chr9	94175962	94176033	+
Hsa-Let-7-P2a2	hsa-let-7a-3	LET-7	GAGGUAG	MIMAT0000062	MIMAT0004481	chr22	46112752	46112820	+
Hsa-Let-7-P2a3	hsa-let-7f-2	LET-7	GAGGUAG	MIMAT0000067	MIMAT0004487	chrX	53557197	53557267	-
Hsa-Let-7-P2b1	hsa-let-7f-1	LET-7	GAGGUAG	MIMAT0000067	MIMAT0004486	chr9	94176353	94176429	+
Hsa-Let-7-P2b2	hsa-let-7b	LET-7	GAGGUAG	MIMAT0000063	MIMAT0004482	chr22	46113691	46113765	+
Hsa-Let-7-P2b3	hsa-mir-98	LET-7	GAGGUAG	MIMAT0000096	MIMAT0022842	chrX	53556242	53556320	-
Hsa-Let-7-P2c1	hsa-let-7d	LET-7	GAGGUAG	MIMAT0000065	MIMAT0004484	chr9	94178841	94178915	+
Hsa-Let-7-P2c2	hsa-let-7i	LET-7	GAGGUAG	MIMAT0000415	MIMAT0004585	chr12	62603691	62603767	+
Hsa-Let-7-P2c3	hsa-let-7g	LET-7	GAGGUAG	MIMAT0000414	MIMAT0004584	chr3	52268280	52268357	-

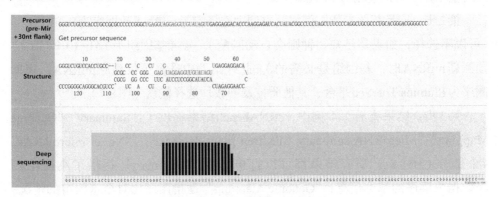

图 8.4　MirGeneDB 数据库

上图表示 MirGeneDB 主界面；中图表示人类所有 miRNA 整体情况（部分节选）；下图表示人类 Hsa-Let-7-P1b
基本信息（部分节选）

RNA 差异表达分析。③sRNAblast：对高通量小 RNA 测序读序进行 BLAST 搜索（搜索 NCBI nr 数据库等，主要目的是对于不能比对到基因组的读序，寻找来源、排除污染等）。④miRNAconsTarget：预测miRNA靶标，分为两个程序：植物miRNA靶标预测plantconsTarget和动物miRNA靶标预测animalconsTarget。⑤sRNAcons：寻找小RNA在不同基因组中的保守性情况（图8.5）。下文利用sRNAbench进行miRNA鉴定举例。

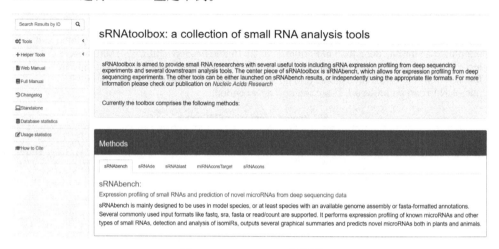

图8.5　sRNAtoolbox主界面

第1步：上传小RNA测序数据。可以是上传本地文件（fastq或者fastq.gz文件），也可以是NCBI SRA记录（如本例中的SRR17227516是一个来自拟南芥的高通量小RNA测序数据）（图8.6）。

第2步：选择相关参数。例如，本例中选择参考miRNA数据库为PmiREN2.0（可以不选择，如果是已知物种则会自动匹配），参考基因组为TAIR10（当需要预测新miRNA时，基因组是必需的）。此外本例中选择了仅预测miRNA，建库测序为Illumina TrueSeq平台，其他质控及参数均选择默认（图8.7）。

第3步：结果查看。本例中，sRNAbench结果提供了"Summary""Genome Mapping""MicroRNA summary（PMiren plant database）""Novel microRNAs"4个部分（图8.8），所有结果都可以打包下载。"Summary"提供了小RNA测序数据中读序的基本信息；"Genome Mapping"是指读序比对至基因组的情况；"MicroRNA summary（PMiren plant database）"是指鉴定到已知miRNA的情况（即数据库中的miRNA），包括每个miRNA的表达量，相关信息均可分别下载；"Novel microRNAs"是指鉴定到的新miRNA（即数据库中不包含的）。

本例中，共鉴定到5个新的miRNA（图8.9）。点击"Align"可以查看读序比对信息，如new-mir-novel1共有147条读序可以比对，其中5p端（即miRNA）成

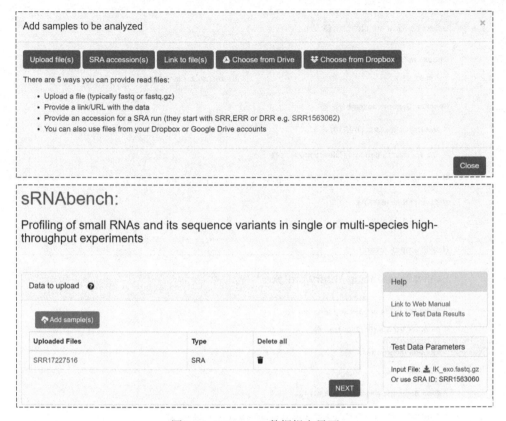

图8.6　sRNAbench数据提交界面

熟序列109条，其miRNA成熟序列即为"CGGGATTACGCCTCTGTATGTATGT"（图8.9）。

（三）利用RNAfold预测茎-环结构

前体序列具有茎-环结构是miRNA形成的必需条件，因此在miRNA鉴定过程中，需要查看其是否具有茎-环结构。有不少预测RNA二级结构的软件或工具，如RNAstructure和RNAfold等。下文以RNAfold为例来预测RNA二级结构。

RNAfold属于ViennaRNA Web Services（http://rna.tbi.univie.ac.at/）的一部分。以序列"UGACAGAAGAGAGUGAGCACACAAAGGCAAUUUGCAUAUCAUUGCACUUGCUUCUCUUGCGUGCUCACUGCUCUUUCUGUCAGA"为例（该序列实际为拟南芥Ath-MIR156a的茎-环结构序列），提交至RNAfold在线服务（图8.10）。从结果中可以看出，该段序列可以很好地形成茎-环结构（图8.11）。

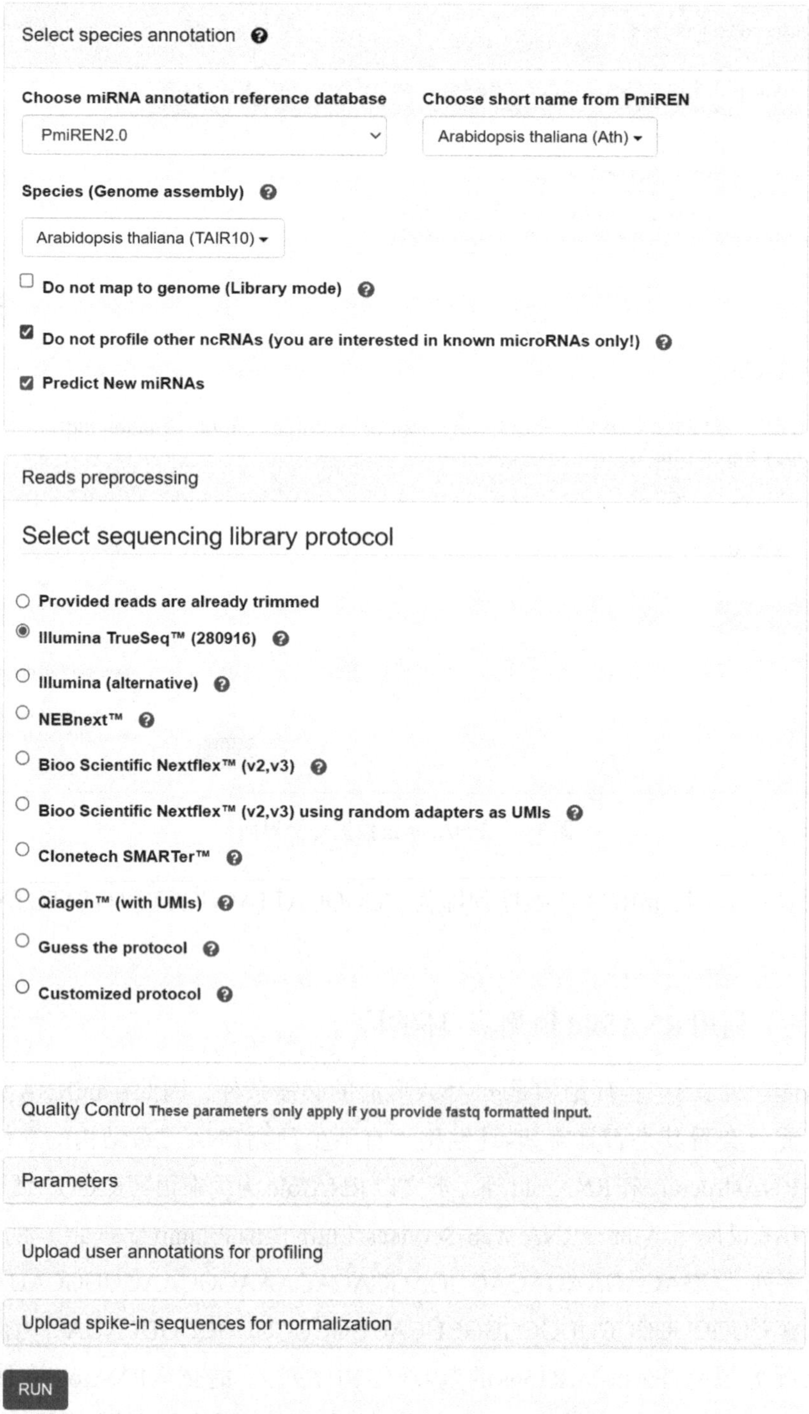

Select species annotation ❷

Choose miRNA annotation reference database

PmiREN2.0 ∨

Choose short name from PmiREN

Arabidopsis thaliana (Ath) ▾

Species (Genome assembly) ❷

Arabidopsis thaliana (TAIR10) ▾

☐ **Do not map to genome (Library mode)** ❷

☑ **Do not profile other ncRNAs (you are interested in known microRNAs only!)** ❷

☑ **Predict New miRNAs**

Reads preprocessing

Select sequencing library protocol

○ **Provided reads are already trimmed**

◉ **Illumina TrueSeq™ (280916)** ❷

○ **Illumina (alternative)** ❷

○ **NEBnext™** ❷

○ **Bioo Scientific Nextflex™ (v2,v3)** ❷

○ **Bioo Scientific Nextflex™ (v2,v3) using random adapters as UMIs** ❷

○ **Clonetech SMARTer™** ❷

○ **Qiagen™ (with UMIs)** ❷

○ **Guess the protocol** ❷

○ **Customized protocol** ❷

Quality Control These parameters only apply if you provide fastq formatted input.

Parameters

Upload user annotations for profiling

Upload spike-in sequences for normalization

RUN

图 8.7 sRNAbench参数选择界面

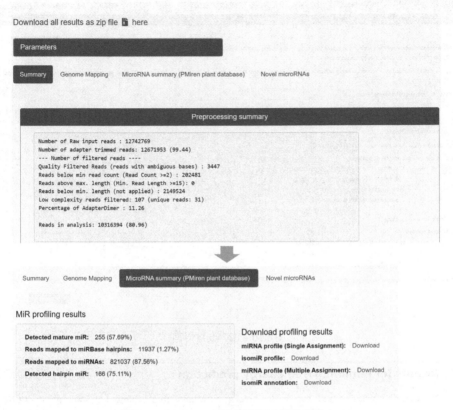

图 8.8　sRNAbench 结果界面（部分节选）

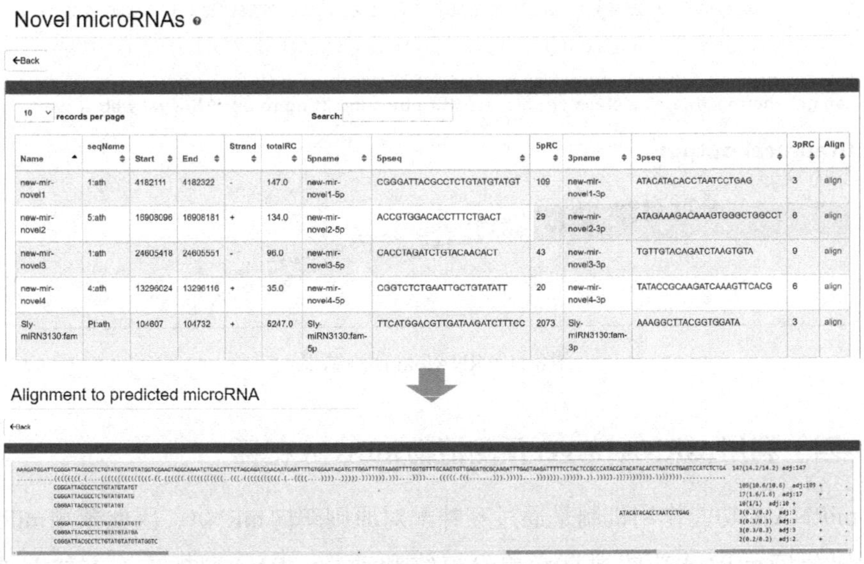

Novel microRNAs

图 8.9　sRNAbench 预测的新 miRNA

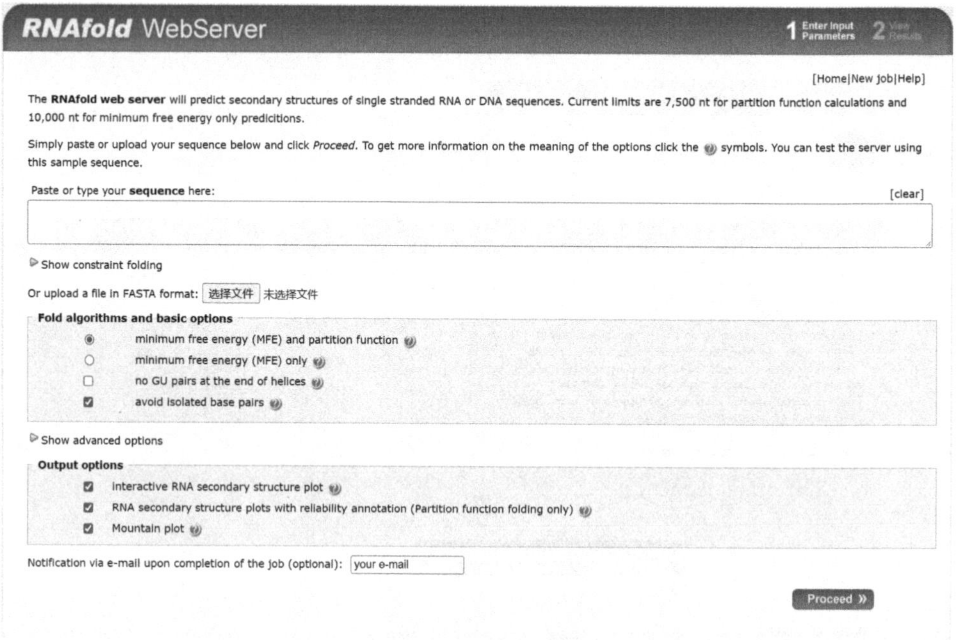

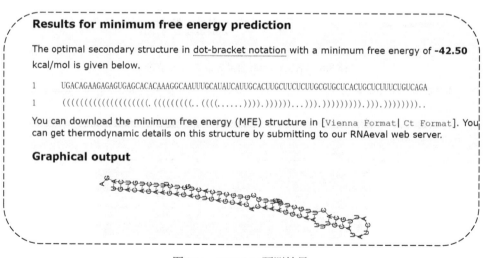

图 8.10 RNAfold 界面

Results for minimum free energy prediction

The optimal secondary structure in <u>dot-bracket notation</u> with a minimum free energy of **-42.50** kcal/mol is given below.

```
1    UGACAGAAGAGAGUGAGCACACAAAGGCAAUUUGCAUAUCAUUGCACUUGCUUCUCUUGCGUGCUCACUGCUCUUUCUGUCAGA

1    ((((((((((((((((((((((. ((((((((.. (((((......)))). )))))))...))). )))))))))). ))). )))))))))..
```

You can download the minimum free energy (MFE) structure in [`Vienna Format`| `Ct Format`]. You can get thermodynamic details on this structure by submitting to our RNAeval web server.

Graphical output

图 8.11 RNAfold 预测结果

（四）利用 psRNATarget 预测植物 miRNA 靶标

miRNA 的功能作用机制是通过互补配对原则靶向 mRNA，因此预测 miRNA 靶标对研究 miRNA 功能很有必要。植物和动物 miRNA 靶标预测方法有所不同，总的来说，植物 miRNA 靶标预测要求 miRNA 和靶标配对更严格，另外动物 miRNA 主要靶向 3′ UTR，而植物 miRNA 可以是整个转录本区域。下文以 psRNATarget（https://www.zhaolab.org/psRNATarget/）为例介绍如何预测植物 miRNA 靶标。

　　psRNATarget 在线服务是植物 miRNA 靶标预测最常用的方法之一，提供以下三种模式。①Submit small RNAs：用户提交 miRNA，下拉菜单选择靶标序列库。②Submit target candidates：用户提交靶标序列库，下拉菜单选择不同物种 miRNA。③Submit small RNAs and targets：用户提交 miRNA 和靶标序列库（图 8.12）。此处以选择 "Submit small RNAs" 模式、提交 "TGACAGAAGAGAGTGAGCAC"（即 Ath-MIR156a）为例，查看其靶标预测情况。

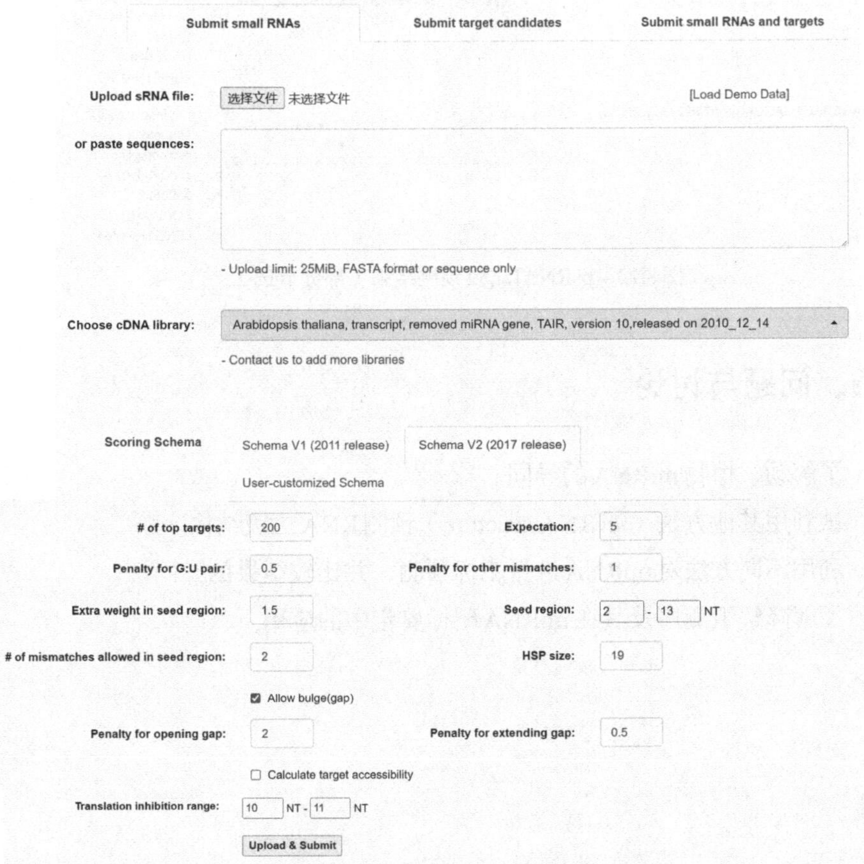

图 8.12　psRNATarget 在线服务界面

预测结果如图8.13所示，可以发现Ath-MIR156a的靶标为*SPL*基因（这和实际试验结论也非常吻合）。结果文件可以查看miRNA和靶标联配的情况、靶标基因基本信息及miRNA作用方式。值得一说的是结果中的E值（范围0~5），该值越小表示预测的可靠性越高，通常认为小于3时可靠性较高（但也发现不少E值3~5的靶标具有真实性）。

miRNA Acc.	Target Acc.	Expect	UPE	Alignment		Target Description	Inhibition
TGACAGAAGAGAGTGAGCAC	AT2G33810.1	0.5	N/A	miRNA 20 CACGAGAGAGAAGACAGU 1 :::::.::::::::::::: Target 787 UUGCUUACUCUCUUCUGUCA 806		| Symbols: SPL3 | squamosa promoter binding protein-like 3 | chr2:14305001-14306072 FORWARD LENGTH=981	Cleavage
TGACAGAAGAGAGTGAGCAC	AT3G57920.1	1.0	N/A	miRNA 20 CACGAGUGAGAGAAGACAGU 1 :::::: ::::::::::::: Target 845 GUGCUCUCUCUCUUCUGUCA 864		| Symbols: SPL15 | squamosa promoter binding protein-like 15 | chr3:21444321-21446035 REVERSE LENGTH=1377	Cleavage
TGACAGAAGAGAGTGAGCAC	AT1G27360.2	1.0	N/A	miRNA 20 CACGAGUGAGAGAAGACAGU 1 :::::: ::::::::::::: Target 1213 GUGCUCUCUCUCUUCUGUCA 1232		| Symbols: SPL11 | squamosa promoter-like 11 | chr1:9501077-9503869 FORWARD LENGTH=1464	Cleavage

图8.13 psRNATarget预测结果（部分节选）

四、问题与讨论

1. 了解动、植物miRNA的异同。
2. 试利用其他方法（如RNAstructure）预测RNA二级结构。
3. 利用不同方法对miRNA进行靶标预测，并比较结果的异同。
4. 了解降解组测序及其在miRNA靶标鉴定中的应用。

》 实验 9 《

转录组分析

信使RNA（mRNA）担负着将遗传信息从DNA传递到蛋白质的"桥梁"作用。狭义上的转录组（transcriptome）是指特定环境下一个细胞或者一群细胞的基因组转录出来的所有mRNA总和；广义上的转录组则是指转录出来的所有RNA的总和，包含mRNA和非编码RNA等。转录组已经成为研究基因表达、结构及功能等的重要手段之一，了解转录组是解读基因组功能元件和揭示细胞及组织中分子组成所必需的，对理解机体发育、疾病发生、重要性状形成等具有重要作用。转录组分析内容根据需求一般包括以下几个部分：①对所有转录产物进行分类，如编码基因、非编码基因等；②确定转录本的结构，如转录起始位点、外显子、内含子、可变剪接等；③量化表达水平，如每个基因表达量、不同样本间差异表达基因等。

早期的转录组数据获取或分析的方法有基于杂交技术的芯片技术（gene chip或microarray）、基于序列分析的基因表达系列分析（SAGE）及大规模平行信号测序系统（MPSS）。随着二代高通量测序技术的发展和应用，RNA-Seq逐渐成为转录组数据获取的主要手段，其具有通量大、灵敏度高、检测范围广等优势。常说的普通RNA-Seq一般是指基于基因poly（A）尾巴对mRNA进行富集的转录组测序，主要目的是分析蛋白质编码基因的表达情况。针对长链非编码RNA的一类转录组测序，通常是对总RNA先进行rRNA的去除，然后再建库测序。因为总RNA中含有大量的rRNA，去除这一部分rRNA可实现对长链非编码RNA的富集，当然同时也包含mRNA，如果仅采用普通RNA-Seq测序会漏掉一部分非poly（A）的长链非编码RNA。此外还有一些特殊的转录组测序，如环形RNA测序，这一类转录组测序通常是在长链非编码RNA转录组测序（即去除rRNA的RNA-Seq）的基础上，再加上线性RNA消化酶RNase R，随后建库测序，从而达到对环形RNA富集的效果。还有一类链特异性测序，这一类的测序数据可以明确所有转录本的转录方向。

获得转录组数据之后，对于有参考基因组序列和无参考基因组序列的后续分析方式有所不同。对于有参的转录组数据，将测序读序比对到参考基因组之后拼装转录本；对于无参的转录组数据，则是直接从头拼接转录本。常用的RNA-Seq读序比对软件有Bowtie、TopHat、HISAT、StringTie、Cufflinks、RUM、MapSplice、STAR等。有参转录组数据的常用拼接软件包括Cufflinks和StringTie等。StringTie与Cufflinks相比，在分析模拟和真实数据集时实现了更完整、更准确的基因重建，更好地预测了表达水平。对于无参转录组数据，一般会使用从头拼接方法来拼接转录本序列：对具有重叠区域的读序进行拼接，得到较短的contig，然后把读序比对到contig上，根据双端测序读序的关系把contig连接成scaffold，最后将scaffold拼接成特异基因（unigene）。常用的软件有ABySS、Velvet、Trinity等。

在进行转录组序列比对和拼接之后，通过比对到基因区间内的读序数目可以计算相应基因的表达量，当然对于比对到的读序数量需要进行标准化。RPKM（每百万比对上的读序中比对至每千个碱基长度的转录本上的读序数量）和FPKM（每百万比对上的片段中比对至每千个碱基长度的转录本上的片段数量）是常用的表达方式。前者是将比对到基因的读序数量除以比对到基因组的所有序列数（以百万为单位）与基因区间的长度（以千为单位）；后者计算方法类似，只是将读序变成了片段。在单端测序中，理论上RPKM和FPKM相同，因为一条读序就是一条片段；双端测序中两个配对的读序（测的是一条DNA），FPKM计算的是一条片段，而RPKM计算的是两条读序。

在完成基因表达量计算后，一般会进行不同样本间（如不同组织、处理前后）的差异表达基因鉴定。二项式、泊松分布、负二项式等几种已知概率分布被用于分析差异表达基因，主要软件有DESeq、edgeR、baySeq等。在鉴定出差异表达基因后，一般会进行功能富集分析。在富集分析中常用的功能注释数据库有GO（Gene Ontology）和KEGG（Kyoto Encyclopedia of Genes and Genomes）：GO采用统一的术语，从分子功能、生物过程和细胞组成三个分支对基因进行注释；KEGG是由基因通路构成的数据库，描述基因调控网络。

一、实验目的

本实验以NetworkAnalyst在线服务为例，讲解RNA-Seq数据分析的一般流程，要求了解RNA-Seq数据分析的相关步骤。

二、数据库、软件和数据

（一）数据库与软件

NetworkAnalyst在线服务（https://www.networkanalyst.ca/）、文本编辑软件 UltraEdit（http://www.ultraedit.com/）。

（二）数据

NetworkAnalyst在线服务案例数据。

三、实验内容

（一）利用EcoOmicsAnalyst对基因表达进行定量

NetworkAnalyst是由加拿大麦吉尔大学Jianguo（Jeff）Xia课题组搭建的用来分析基因表达及网络可视化等的在线平台，2014年释放第一版，2019年释放第三版，截至目前（2022年3月）一直在维护与更新。图9.1所示为其主界面，用户可以根据不同需求提交任务，包括仅输入基因ID进行网络构建、输入单一实验或多个实验的基因表达量结果进行差异基因表达分析及可视化、输入网络文件（SIF、GraphML、JSON文件）进行可视化等，同时还包括直接输入RNA-Seq原始数据，进行RNA-Seq的一般分析及可视化等。

点击主界面的"Raw RNA-seq Data"则进入RNA-Seq 数据分析流程平台 EcoOmi-csAnalyst（图9.2）。EcoOmicsAnalyst于2021年开始释放，其主要目的是提供在线服务，对RNA-Seq 数据进行基因表达量计算。EcoOmicsAnalyst的输入数据是RNA-Seq原始数据（raw data）。用户需要注册一个免费账户，利用ftp对数据进行上传（fastq.gz或fq.gz文件），可使用FileZilla 等工具，在其"Frequently Asked Questions"中有详细说明。最多可以上传30Gb的数据。EcoOmicsAnalyst分为两种模式：一种是有参考基因组的转录组数据分析，使用的是Kallisto程序，目前该版本整合了17个模式物种的参考基因组，包括人类、小鼠、线虫、酵母、拟南芥等（目前很多有高质量基因组的物种尚没有整

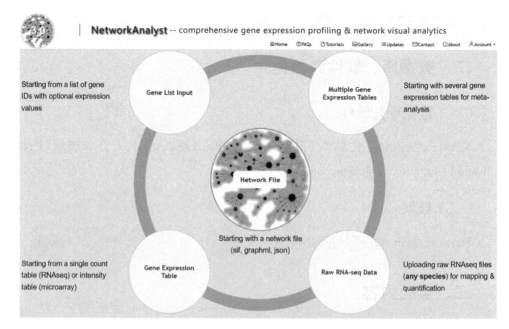

图9.1　NetworkAnalyst主界面

图9.2　EcoOmicsAnalyst主界面

合）；另一种是无参的，使用的是Seq2Fun程序，基于同源搜索注释基因。下文以有参转录组分析，并利用其案例数据简单讲解EcoOmicsAnalyst流程（利用其Example Data不需要进行账户注册）。

第1步：点击"Start Here"（图9.2）开始，选择"Example Data"－"Kallisto Pipeline"－"Proceed"，随后提交（"Submit"），进入数据完整性检测页面，并选择数据是双端（"Paired-end"）还是单端（"Single-end"）测序（图9.3）。可以看出该案例数据有9个数据，分别为"medium""control""high"三个组别，每个文件大小为25Mb。

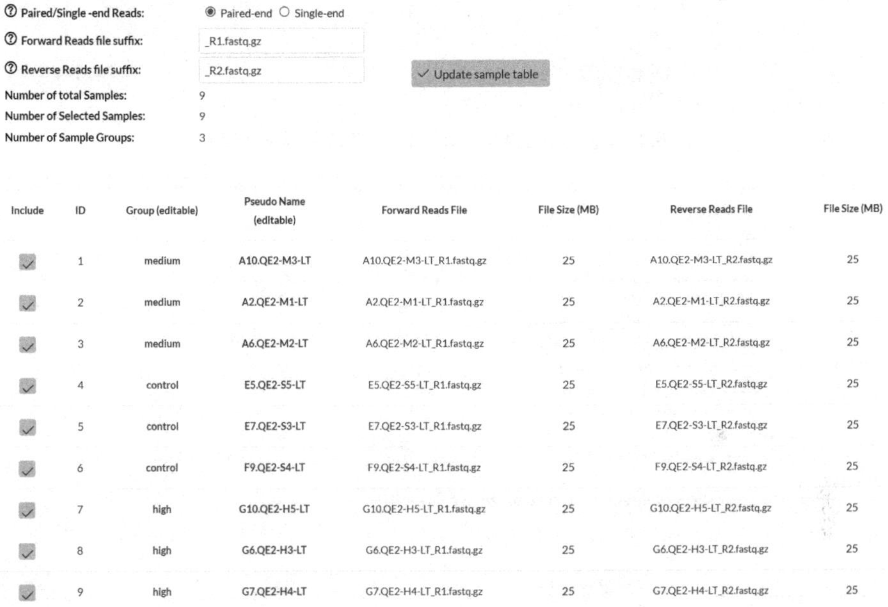

? Paired/Single -end Reads:	● Paired-end ○ Single-end
? Forward Reads file suffix:	_R1.fastq.gz
? Reverse Reads file suffix:	_R2.fastq.gz　✓ Update sample table
Number of total Samples:	9
Number of Selected Samples:	9
Number of Sample Groups:	3

Include	ID	Group (editable)	Pseudo Name (editable)	Forward Reads File	File Size (MB)	Reverse Reads File	File Size (MB)
✓	1	medium	A10.QE2-M3-LT	A10.QE2-M3-LT_R1.fastq.gz	25	A10.QE2-M3-LT_R2.fastq.gz	25
✓	2	medium	A2.QE2-M1-LT	A2.QE2-M1-LT_R1.fastq.gz	25	A2.QE2-M1-LT_R2.fastq.gz	25
✓	3	medium	A6.QE2-M2-LT	A6.QE2-M2-LT_R1.fastq.gz	25	A6.QE2-M2-LT_R2.fastq.gz	25
✓	4	control	E5.QE2-S5-LT	E5.QE2-S5-LT_R1.fastq.gz	25	E5.QE2-S5-LT_R2.fastq.gz	25
✓	5	control	E7.QE2-S3-LT	E7.QE2-S3-LT_R1.fastq.gz	25	E7.QE2-S3-LT_R2.fastq.gz	25
✓	6	control	F9.QE2-S4-LT	F9.QE2-S4-LT_R1.fastq.gz	25	F9.QE2-S4-LT_R2.fastq.gz	25
✓	7	high	G10.QE2-H5-LT	G10.QE2-H5-LT_R1.fastq.gz	25	G10.QE2-H5-LT_R2.fastq.gz	25
✓	8	high	G6.QE2-H3-LT	G6.QE2-H3-LT_R1.fastq.gz	25	G6.QE2-H3-LT_R2.fastq.gz	25
✓	9	high	G7.QE2-H4-LT	G7.QE2-H4-LT_R1.fastq.gz	25	G7.QE2-H4-LT_R2.fastq.gz	25

图9.3　EcoOmicsAnalyst数据完整检测页面

第2步：点击"Proceed"进入下一步读序计数（"Reads Quantification"）。首先是简单参数选择，参考基因组选择（本例中为*Coturnix japonica*），低质量读序过滤（一般选择20～30）（图9.4）。点击"Confirm"－"Submit Job"，即进入程序运算阶段（图9.5）。该过程如果是真实数据通常需要几个小时至几天，时间长短取决于上传数据的大小（本例选择的是案例数据，非常小）。

第3步：选择"Proceed"进入下一步结果页面（图9.6）。可以看到每一个样本数据的基本情况，如总读序数、比对率、比对基因数等。结果中也提供了PCA图，可以查看样本间的相似性从而评估重复性。点击"Download results"，可以进入下载页面，包含每个基因的表达量表。点击"Go to downstream

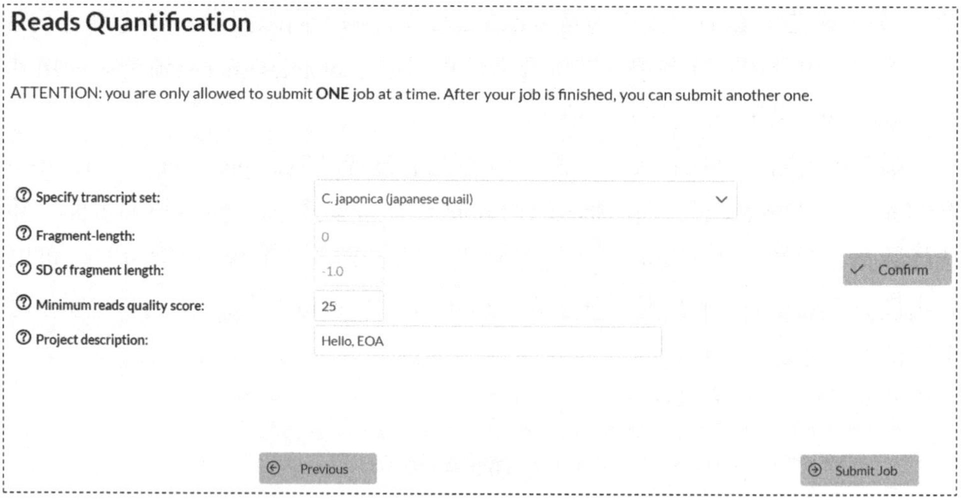

图9.4　EcoOmicsAnalyst读序计算参数选择界面

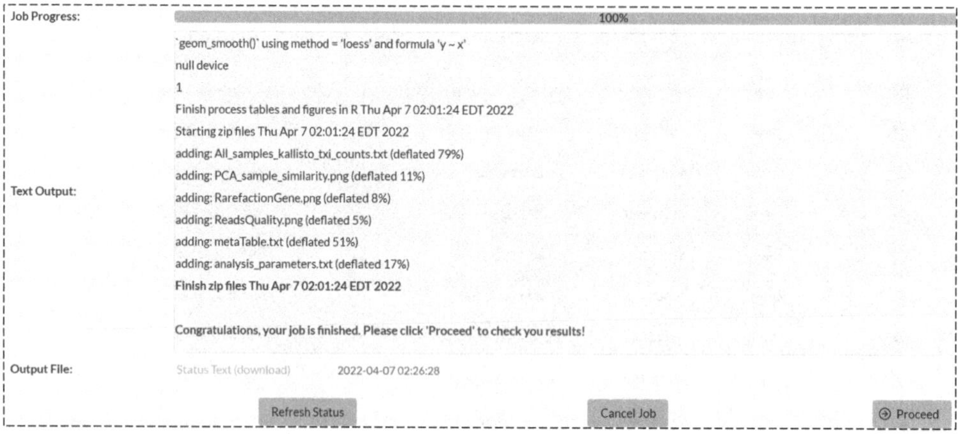

图9.5　EcoOmicsAnalyst运算界面

analysis"则基于表达量结果进行下一步分析，如差异表达基因鉴定等。

（二）利用ExpressAnalyst鉴定差异表达基因

ExpressAnalyst于2014年正式释放，主要是基于基因表达量做进一步分析。进入NetworkAnalyst主界面的"Multiple Gene Expression Tables"和"Gene Expression Table"即是ExpressAnalyst功能（图9.1）；也可以从ExpressAnalyst主页（https://www.expressanalyst.ca/）直接进入；或者在上文EcoOmicsAnalyst流程的第3步中，点击"Go to downstream analysis"进入（图9.7）。

第1步：表达量数据上传（图9.7），如上文的结果"All_samples_kallisto_

ID ↑↓	Sample ↑↓	Group ↑↓	Total reads ↑↓	Clean reads ↑↓	Clean reads rate (%) ↑↓	Mapping reads rate (%) ↑↓	Mapped Genes ↑↓	Mapped Genes rate (%) ↑↓
1	A10.QE2-M3-LT	medium	200000	198166	99.08	74.66	8805	31.42
2	A2.QE2-M1-LT	medium	200000	197634	98.82	73.11	9056	32.32
3	A6.QE2-M2-LT	medium	200000	197706	98.85	72.91	8340	29.76
4	E5.QE2-S5-LT	control	200000	197366	98.68	75.13	8717	31.11
5	E7.QE2-S3-LT	control	200000	198470	99.24	74.02	9051	32.3
6	F9.QE2-S4-LT	control	200000	197826	98.91	73.43	9204	32.84
7	G10.QE2-H5-LT	high	200000	197942	98.97	74.56	9086	32.42
8	G6.QE2-H3-LT	high	200000	197894	98.95	74.74	9361	33.4
9	G7.QE2-H4-LT	high	200000	197970	98.99	74.61	8987	32.07

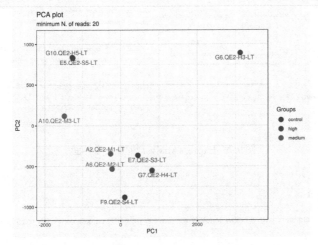

图9.6 EcoOmicsAnalyst结果界面

txi_counts.txt"文件（每个基因在每个样本数据中的读序比对数量），同时需明确物种（目前仅有25个物种可供分析）、基因名等，本例选择提供的案例数据，点击"Submit"。当数据提交成功时，会有提示。

第2步：对提交数据的质量检查（图9.8），包括一些基本信息，如匹配该物种的基因数、读序数量等，并提供Box plot图。

第3步：点击"Proceed"进行标准化（图9.9），一般选择"Log2-counts per million"，点击"Submit"即进行标准化，同时获得PCA plot、Density plot、MSD plot图。

第4步：差异表达基因分析（图9.10）。提供了三种方法：Limma、EdgeR、

Upload your gene expression table

Specify organism	M. musculus (mouse)	∨
Data type	----Not specified----	∨
ID type	--- Not Specified ---	∨
Gene-level summarization	Mean ∨	
Data File	选择文件 未选择文件	

⑦ 　 ↥ Submit

⑦
⑦

Try our example data

○ **Estrogen**	Affymetrix Human Genome U95 GeneChip (hgu95av2) data, normalized, log 2 scale (8 samples)	Gene expression of a breast-cancer cell line (source) . Estrogen Receptor (ER): present, absent; Time (hour): 10, 48
○ **Endotoxin**	Illumina BeadArrays - Refseq ID, normalized, log 2 scale (12 samples)	Gene expression in human PBMC using LPS as inducer (details) Treatment: Control, LPS, LPS_LPS; Donor: 21, 46, 86, 92
◉ **C. japonica toxicity**	RNAseq data Entrez Gene ID, raw counts (15 samples)	Gene expression response in C. japonica from an early life stage toxicity experiment Treatment: Control, Medium, High;
○ **DC cormorant toxicity**	RNAseq data Seq2Fun ID, raw counts (14 samples)	Gene expression response in double-crested cormorant (DCCO) from an early life stage (embryos) toxicity experiment Treatment: Control, Medium, High;

↥ Submit

图9.7　ExpressAnalyst数据上传界面

Data Quality Check

The uploaded samples are summarized below, together with several graphical outputs commonly used for quality check.

Data type:	RNA count table
Total feature number:	18277
Matched gene number:	16794 (91%)
Sample number:	15
Number of experimental factors:	1
Total read counts:	3.32e+08
Average counts per sample:	2.21e+07
Maximum counts per sample:	3.20e+07
Minimum counts per sample:	1.29e+07
Group names:	Control; High; Medium

图9.8　ExpressAnalyst上传数据质量检查页面

Data Filtering & Normalization
Filtering serves to remove data that are unlikely to be informative or simply erroneous. Normalization is crucial for a reliable detection of transcriptional differences, and to ensure expression distributions of each sample are similar across the entire experiment.
Filtering:
Variance filter:
15
Low abundance:
4
Filter unannotated genes:
Submit
Normalization:
None
Log2-counts per million
Upper Quantile Normalization
Trimmed Mean of M-values
Relative log expression normalisation

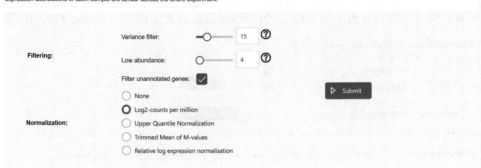

图9.9 ExpressAnalyst数据标准化页面

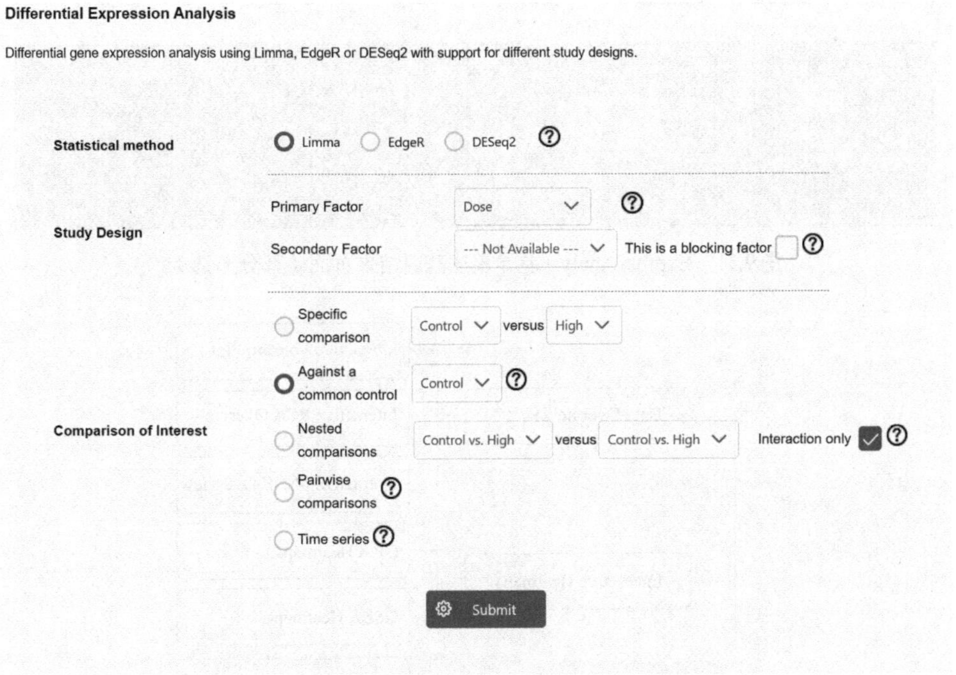

Differential Expression Analysis
Differential gene expression analysis using Limma, EdgeR or DESeq2 with support for different study designs.
Statistical method
Limma
EdgeR
DESeq2
Study Design
Primary Factor
Dose
Secondary Factor
--- Not Available ---
This is a blocking factor
Comparison of Interest
Specific comparison
Control
versus
High
Against a common control
Control
Nested comparisons
Control vs. High
versus
Control vs. High
Interaction only
Pairwise comparisons
Time series
Submit

图9.10 ExpressAnalyst差异表达基因分析参数选择界面

DESeq2（本例选择Limma）。根据需求可以选择比较方法，包括仅与“Control”组比较，或者两两组合比较等多种方式（本例选择“Against a common control”，即其他所有组合与“Control”组比较）。点击“Submit”－“Proceed”。

第5步：查看相关结果。差异表达的标准可以自行调整，一般是校正P值0.05，倍数达2倍，本例中，“High”组vs.“Control”组鉴定到128个差异表达基因（图9.11），"Medium"组 vs. "Control"组鉴定到14个差异表达基因。

此外，ExpressAnalyst还可以对结果绘制不同类型图，"Analysis Overview"界面中列出了相关分析（图9.12），包括基因表达的火山图（"Volcano Plot"）、基

Please use the parameters to identify significant genes

Sig. Thresholds	Adjusted p-value:	0.05	⑦	✓ Submit
	Log2 fold change:	1.0	⑦	
Result Summary	Total sig. genes:	128		⬇ Download Result

The table below shows at most top 1000 genes ranked by p-values. Use the **Download Result** link above to get the whole result table. Significant genes are in orange.

Selected Comparison:　High.Control ∨　Update

Gene ↑↓	View Details	High.Control ↑↓	AveExpr ↑↓	F ↑↓	P.Value ↑↓	adj.P.Val ↑↓
LOC107315856	🖼 NCBI	10.497	5.4492	277.29	8.0933E-12	5.745E-8
LOC107315857	🖼 NCBI	11.556	5.226	157.75	3.4206E-10	1.214E-6
LOC107315861	🖼 NCBI	9.3891	-0.01403	93.764	1.0003E-8	2.3668E-5
LOC107315860	🖼 NCBI	12.902	3.2251	88.525	1.4434E-8	2.5614E-5

图9.11　ExpressAnalyst差异表达基因结果页面（部分节选）

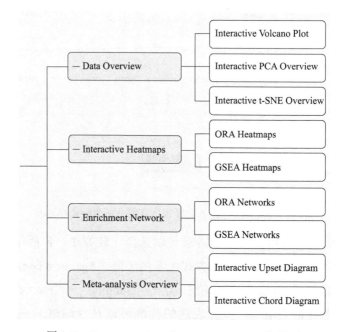

图9.12　ExpressAnalyst "Analysis Overview" 界面

因表达热图（"Heatmaps"），还可以对差异表达基因进行GO或者KEGG富集分析。图9.13和图9.14分别为本例结果的火山图和热图。在ExpressAnalyst的在线服务中，对于火山图中的每个点或热图中的每一行，鼠标移至相关位置，即可查

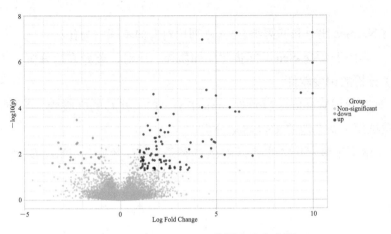

图9.13　ExpressAnalyst基因表达火山图

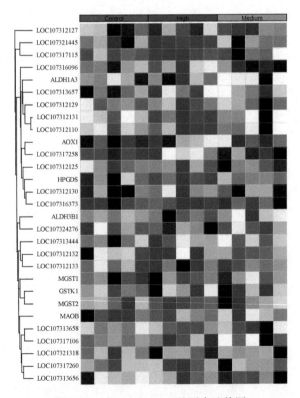

图9.14　ExpressAnalyst基因表达热图

看基因的相关信息等。

四、问题与讨论

1. RNA-Seq 比对和基因组 DNA 序列比对有何不同？为什么？

2. 了解用于 RNA-Seq 不同步骤（如质控、比对、差异表达分析、功能富集分析等）分析的相关软件。

3. 试着利用 Windows 版软件 OmicsBox（Blast2GO 的升级版，为商业软件，可以免费试用）做本地的 RNA-Seq 分析。

4. 了解用于鉴定长链非编码 RNA 的转录组测序数据分析策略及方法。

》 实验 10 《

Python基础及利用Python提取序列

　　计算机编程语言主要分为三类：机器语言、汇编语言和高级语言。①机器语言是指由01序列表示的计算机能直接识别和执行的一种机器指令集合。②汇编语言是一种低级语言，也称为符号语言，用一些容易理解和记忆的字母单词来代替一个特定的指令，一种汇编语言专用于一种计算机系统结构，因此汇编语言不具备可移植性。③C、Perl、Python等编程语言是高级语言。高级编程语言代码是接近人类语言习惯的一系列字符串，通过一系列转换转成底层机器可以识别的机器代码来执行，又可分为编译型语言和解释型语言：编译型语言在应用源程序执行之前，就将程序源代码"翻译"成目标代码（机器语言），如C、C++等；解释型语言的源代码不是直接翻译成机器语言，而是先翻译成中间代码，如Python、Perl、JavaScript、Ruby、VBScript等。编译型语言的优势是执行速度快、消耗内存少；而解释型语言边翻译、边执行，所以执行效率低，但其优势是支持跨平台。对于文本数据，解释型语言在处理上更具有优势，因为其含有编译型语言不具备的模式匹配的正则表达，执行相同任务时，解释型语言所需的代码更少。如果想从事生物信息学分析工具开发，最好在掌握一门解释型语言的同时还掌握一门编译型语言。

　　荷兰国家数学与计算机科学研究中心（Centrum Wiskunde & Informatica）的计算机程序员Guido van Rossum于1989年底始创了Python。Python起步较Perl晚，Perl曾是生物信息学领域应用最为广泛的语言之一，现在Python已逐步成为主流语言。总体而言，用Python可以做到用Perl能做到的事，两者的领域大部分重叠。Python更专注于代码的可读性、可重复性、可移植性和可维护性，使得Python更适合用于不是写一次就丢掉的程序；Perl的程序代码易写，但是相对难读。这主要是受它们的创立者背景的影响：Python的创立者所受的是数学家的训练，因此创造出来的语言具有高度统一性，其语法和工具集都一致；而Perl语言的创立者是语言学家，追求的是"完成的方法不止一种"，鼓励表达的自由化、解决方法的多元化，但这也增加了代码维护的难度。Python弥补了Perl不适合多线程和底层编程的不足，其运行速度和效率已经超越Perl。

Python的强大处理能力促使了Biopython的诞生。Biopython（https://biopython.org/）旨在通过创造高质量和可重复利用的模块和类，使生物信息学工作者在数据处理及工具开发方面更加高效与便利。Biopython的教程与使用手册（http://biopython.org/DIST/docs/tutorial/Tutorial.pdf，中文版见https://biopython-cn.readthedocs.io/zh_CN/latest/）内容全面，不仅包括解析各种生物信息学格式的文件（BLAST、ClustalW、GenBank等），还可以访问在线服务器（如NCBI、Swiss-Prot、PDB），包含常见程序的接口（如ClustalW）及各种模块等。

一、实验目的

本实验简要介绍Python的基础命令，以及利用Python提取序列等，要求通过本实验对Python有初步的了解。

二、数据库、软件和数据

（一）数据库与软件

Python 2.7（https://www.python.org/）、文本编辑软件UltraEdit（http://www.ultraedit.com/）。

（二）数据

NCBI记录QLE11197、QLE11198、QLE11199、QLE11200、AEE34163、AED92481。

三、实验内容

（一）Python基础

当前Python分为2.X和3.X版本，两者并不能很好地兼容。本实验以

Windows 版 Python 2.7.18（Python 2.X 系列的最后版本）为例简要介绍 Python，从 Python 主页（https://www.python.org/downloads/windows/）下载安装包后即可安装。

1.　print 语句

print 语句和其他语言类似。如下例所示，把一个字符串赋值给变量 a 时，用 print 来显示变量的内容。在仅用变量名时，输出的字符串是用单引号括起来的。

```
>>> a='Hello'
>>> a
'Hello'
>>> print a
Hello
```

print 语句与字符串格式操作符（%）结合使用，可实现字符串替换功能。%s、%d、%f 分别表示由一个字符串、整型、浮点型来替换。

```
>>> print '%s is number %d' % ('He',1)
He is number 1
>>> print '%s is %f' % ('The number',1.1)
The number is 1.100000
```

2.　数字及操作符

Python 支持整型（int）、长整型（long）、布尔值（bool）、浮点值（float）、复数（complex）等基本数字类型。例如，10、−10 为整型；1L、10 000L 为长整型；True、False 为布尔值；3.141 59、3.2E2 为浮点值；5.23+1.1j、1＋0j 为复数。不同数字类型可以变换。

```
>>> int(1.01)
1
>>> float(1)
1.0
>>> long(1)
1L
>>> complex(1)
(1+0j)
```

Python 使用熟悉的标准算术操作符，如＋、−、*、/、%、**（表示乘方），优先级为：**最高，*、/、%较高，＋和−最低。

```
>>> 10+3
13
>>> 10-3
7
>>> 10*3
30
>>> 10/3
3
>>> 10%3
1
>>> 10**3
1000
```

Python也有标准比较操作符，如下所示。

```
>>> 1<3
True
>>> 3>1
True
>>> 4==4
True
>>> 3!=4
True
>>> 1<=3
True
>>> 3>=1
True
```

Python还提供了逻辑操作符and、or、not。

```
>>> 1<3 and 1==3
False
>>> 1<3 or 1==3
True
>>> not 1>=3
True
>>> 1<2<3
True
```

3. 变量和赋值

Python中变量名的规则与其他多数高级语言一样。变量名仅是一些字母开头的标识符，大小写敏感。下例中分别是整型赋值、浮点型赋值、字符串赋值、对整型增1并显示结果。

```
>>> a=1
>>> b=1.0
>>> c='python'
>>> a=a+1
>>> a
2
```

同样也可以自增和自减操作符。

```
>>> a=1
>>> a+=1
>>> a
2
>>> a-=1
>>> a
1
>>> a*=3
>>> a
3
```

4. 字符串

Python中的字符串是字符的集合，用引号标注。字符串第一个字符的索引是

0，最后一个字符的索引可以用−1。"＋"用来连接字符串，"＊"用来重复字符
串。具体见下面几个例子。

```
>>> a='Its name'
>>> a[0]
'I'
>>> a[-1]
'e'
>>> b='is Python'
>>> c=a+' '+b
>>> c
'Its name is Python'
>>> a*2
'Its nameIts name'
```

使用操作符"[]"和"[:]"可以获得子字符串（简称子串）。例如，"[2:5]"
是索引2-4，表示该字符串的第3～5个字符；"a[:2]"等同于"a[0:2]"，表示第1
个和第2个字符；"a[2:]"表示第3个字符到最后一个字符形成的字符串；"len()"
则表示该字符串的长度。

```
>>> a[2:5]
's n'
>>> a[0:2]
'It'
>>> a[:2]
'It'
>>> a[2:]
's name'
>>> len(a)
8
```

成员操作符"in"和"not in"用于判断一个字符或者子串是否出现在某一字
符串中。

```
>>> a='Its name'
>>> b='is Python'
>>> 'It' in a
True
>>> 'It' in b
False
>>> 'P' in b
True
```

5. 字符串内建函数

"capitalize()"的功能是将字符串第一个字符大写，"count()"是对字符串中
出现的某个字符或子串的计数，"find()"是查找字符串中某个字符或子串出现的
索引值（如果没有，则返回−1），"rfind()"是从右边开始查找，"index()"类似
于"find()"但若没有查找结果则报错，"rindex()"类似于"index()"但是从右边
开始查找，"lower()"是将字符串中的字母小写，"upper()"是将字符串中的字母

大写,"split()"是以某某为分隔符将字符串分割,"replace()"是将字符串中某个
字符或子串替换成另一个字符或子串。详见下面几个例子。

```
>>> a='its name ITS name'
>>> a.capitalize()
'Its name its name'
>>> a.count('name')
2
>>> a.find('n')
4
>>> a.rfind('n')
13
>>> a.find('P')
-1
>>> a.index('n')
4
>>> a.rindex('n')
13
>>> a.index('P')
Traceback (most recent call last):
  File "<stdin>", line 1, in <module>
ValueError: substring not found
>>> a.lower()
'its name its name'
>>> a.upper()
'ITS NAME ITS NAME'
>>> a.split(' ')
['its', 'name', 'ITS', 'name']
>>> a.replace('name','NAME')
'its NAME ITS NAME'
```

6. 列表

像字符串类型一样,列表类型也是序列式的数据类型,可以通过类似的操作
方式获得某一个或一段连续的元素,但是列表与字符串也有很多不同:字符串只
能由字符组成;列表可以包含不同类型的对象,创建列表非常简单,在列表中添
加或减少元素也很简单。

列表是由"[]"来定义的,可以建一个空的或有值的列表赋值给变量,然
后根据不同需要进行变更。例如,"list()"的功能是将字符串转换为列表,
"append()"是对列表添加一个元素,利用"[]"和"[:]"可获取列表不同元素,
对列表任一元素可以重新赋值替换掉,"del""pop()""remove()"可以删去列表
中的元素(三者略有不同),"insert()"是在某个索引位置添加元素,"count()"
是计算列表中某个元素的次数,"reverse()"是将列表元素翻转。

```
>>> a='name'
>>> b=list(a)
>>> b
['n', 'a', 'm', 'e']
```

```
>>> b.append(33)
>>> b
['n', 'a', 'm', 'e', 33]
>>> b[0]
'n'
>>> b[-1]
33
>>> b[:2]
['n', 'a']
>>> b[-1]=str(b[-1])
>>> b
['n', 'a', 'm', 'e', '33']
>>> del b[0]
>>> b
['a', 'm', 'e', '33']
>>> b.pop(0)
'a'
>>> b
['m', 'e', '33']
>>> b.remove('m')
>>> b
['e', '33']
>>> b.insert(1,'22')
>>> b
['e', '22', '33']
>>> b.count('33')
1
>>> b.reverse()
>>> b
['33', '22', 'e']
```

　　利用 "in" 和 "not in" 可以检查某个对象是否是一个列表的成员，"+" 可以用来连接同类型列表，"*" 用来重复列表。

```
>>> a=['5',['n','m'],'e']
>>> 5 in a
False
>>> '5' in a
True
>>> 'n' in a
False
>>> 'n' in a[1]
True
>>> b=['f','g']
>>> a+b
['5', ['n', 'm'], 'e', 'f', 'g']
>>> a*2
['5', ['n', 'm'], 'e', '5', ['n', 'm'], 'e']
```

7. if 语句和 while 循环

　　Python 支持 if 语句（包括 if-elif-else），写代码时需要注意缩进。与 if 语句相比，while 循环中需要执行的语句会被不断执行（即循环执行），直至循环条件不再为真，写代码时同样需注意缩进。

```
>>> a=[1,2,3,4,5]
>>> b=[2,3,4,5,6]
>>> if a[0] in b:
...     print 'It is in b'
... else:
...     print 'It is not in b'
...
It is not in b
>>>
>>> number=0
>>> while number<3:
...         print 'number<3'
...         number+=1
...
number<3
number<3
number<3
```

8. for 循环和"range()"函数

Python 提供的另一个循环机制是 for 语句，可以遍历序列成员。for 循环会访问一个可迭代对象中的所有元素，并在所有条目都处理过后结束循环。相比于 while 循环，for 循环在循环取值（遍历取值）方面更简洁。

```
>>> a=['Its','Name','Is','Python']
>>> for i in a:
...     print i
...
Its
Name
Is
Python
```

上述例子中，for 循环每次迭代列表中的一个元素。通常用到 for 循环时，可以生成一个数字序列，这样迭代一个序列，展示的是递增计数的效果。展示的整型值可以用来计算。通常会配合"range()"内建函数来使用。此外，"range()"函数又常和"len()"函数一起使用，后者表示字符串或列表的长度。具体见下面的例子。

```
>>> a=[0,1,2,3]
>>> for i in a:
...     print i
...
0
1
2
3
>>> range(4)
[0, 1, 2, 3]
>>> for i in range(4):
...     print i
...
0
```

```
1
2
3
>>> len(a)
4
>>> for i in range(len(a)):
...     print i
...
0
1
2
3
```

9. 文件读取和写

"open()"函数可用来打开一个文件，和"file()"功能相同，两者可以相互替代。"read()"方法用来读取文件中的字符，如果不给定参数（为空，或－1），则读取文件中的每一个字符；当给定参数时，则读到给定数目的字符。下文以一个名为"test.txt"的包含一条蛋白质序列（NCBI记录QLE11197；FASTA格式）的文件为例来演示包括上面几个函数的功能。

```
>>> a=open('test.txt').read()
>>> len(a)
1822
>>> a[0:3]
'>QL'
>>> b=file('test.txt').read()
>>> a==b
True
>>> aa=open('test.txt').read(5)
>>> aa
'>QLE1'
```

"readline()"方法读取文件的第一行，包括行结束符，作为字符串返回，同样可以设置参数以规定读至哪个字符。

```
>>> a=open('test.txt').readline()
>>> a
'>QLE11197.1 NBS LRR disease resistance protein [Oryza sativa]\r\n'
>>> a=open('test.txt').readline(10)
>>> a
'>QLE11197.'
```

"readlines()"方法读取文件中的所有行，然后返回一个字符串列表，把每行作为其中的一个元素（字符串）。

```
>>> a=open('test.txt').readlines()
>>> a[0]
'>QLE11197.1 NBS LRR disease resistance protein [Oryza sativa]\r\n'
>>> a[1]
'MEEVEAGWLEGGIRWLAETILDNLDADKLDEWIRQIRLAADTEKLRAEIEKVDGVVAAVKGRAIGNRSLA\
r\n'
>>> len(a)
26
```

"open ('filename', 'w')" 的功能为读写一个文件（创建一个新文件），写入该文件则用"write()"和"writelines()"功能：前者可以写入字符及字符串，若想要写入一个字符串列表，则需要用到后者（尝试用前者会报错）。写完之后，都需要用"close()"的功能，保存写入数据且文件关闭不再写入。

```
>>> a=file('test.txt').readlines()
>>> w1=open('NewFile_1.txt','w')
>>> w1.write(a[0])
>>> w1.close()
>>> View=file('NewFile_1.txt').readlines()
>>> View
['>QLE11197.1 NBS LRR disease resistance protein [Oryza sativa]\r\n']
>>>
>>> w2=open('NewFile_2.txt','w')
>>> w2.write(a)
Traceback (most recent call last):
  File "<stdin>", line 1, in <module>
TypeError: expected a string or other character buffer object
>>>
>>> w2.writelines(a)
>>> w2.close()
>>> View=file('NewFile_2.txt').readlines()
>>> len(View)
26
>>> a==View
True
>>> View[0:3]
['>QLE11197.1 NBS LRR disease resistance protein [Oryza sativa]\r\n', 'M
EEVEAGWLEGGIRWLAETILDNLDADKLDEWIRQIRLAADTEKLRAEIEKVDGVVAAVKGRAIGNRSLA\r\
n', 'RSLGRLRGLLYDADDAVDELDYFRLQQQVEGGVTTRFEAEETVGDGAEDEDDIPMDNTDVPEAVAAG
SSK\r\n']
```

（二）利用Python提取序列

掌握上述Python基础后，就可以一定程度上对序列进行简单的操作了，如从一个序列文件中批量提取某些基因或蛋白质的序列。下文用几条序列进行简单举例。

从NCBI下载蛋白质序列（NCBI记录QLE11197、QLE11198、QLE11199、QLE11200、AEE34163、AED92481；FASTA格式），存储到名为"database.txt"的文件中。想要从该序列文件中批量提取其中的三条蛋白质序列，这三条蛋白质序列的ID（QLE11197、QLE11199、AEE34163）存储在名为"ID.txt"的文件中（每行一个ID）。我们可以按照以下代码获取它们的序列。

```
>>> a=file('database.txt').read()
>>> b=file('ID.txt').readlines()
>>> b
['QLE11197\r\n', 'QLE11199\r\n', 'AEE34163\r\n']
```

```
>>> for i in range(len(b)):
...     b[i]=b[i].replace('\r\n','')
...
>>> w=open('sequence.txt','w')
>>> for i in range(len(b)):
...     start=a.find(b[i])
...     end=a.find('>',start)
...     w.writelines('>'+a[start:end])
...
>>> w.close()
```

　　第一行利用"read()"读取"database.txt"文件，第二行利用"readlines()"读取"ID.txt"文件，第三行可知该文件中每行都有回车换行符"\r\n"，随后利用for循环将其替代掉。紧接着"open('sequence.txt','w')"创建一个"sequence.txt"的文件，利用for循环，将ID中的每一个蛋白质序列写进该文件。

四、问题与讨论

1. 了解Python元组，其与列表有何异同？
2. 了解Python import语句，了解模块。
3. 了解Python正则表达式。
4. 了解Biopython并试着利用Biopython做BLAST搜索。

主要参考文献

樊龙江. 2017. 生物信息学. 杭州：浙江大学出版社.

樊龙江. 2020. 植物基因组学. 北京：科学出版社.

樊龙江. 2021. 生物信息学（第二版）. 北京：科学出版社.

Wesley J. C. 2008. Python 核心编程（第二版）. 宋吉广，译. 北京：人民邮电出版社.

Altschul S. F., Gish W., Miller W., et al. 1990. Basic local alignment search tool. Journal of molecular biology, 215(3): 403-410.

Altschul S. F., Madden T. L., Schäffer A. A., et al. 1997. Gapped BLAST and PSI-BLAST: a new generation of protein database search programs. Nucleic acids research, 25(17): 3389-3402.

Aparicio-Puerta E., Lebrón R., Rueda A., et al. 2019. sRNAbench and sRNAtoolbox 2019: intuitive fast small RNA profiling and differential expression. Nucleic acids research, 47(1): 530-535.

Buchan D. W., Jones D. T. 2019. The PSIPRED protein analysis workbench: 20 years on. Nucleic acids research, 47(1): 402-407.

Burge C. B., Karlin S. 1998. Finding the genes in genomic DNA. Current opinion in structural biology, 8(3): 346-354.

Dai X., Zhao P. X. 2011. psRNATarget: a plant small RNA target analysis server. Nucleic acids research, 39(2): 155-159.

Finn R. D., Clements J., Eddy S. R. 2011. HMMER web server: interactive sequence similarity searching. Nucleic acids research, 39(2): 29-37.

Fromm B., Domanska D., Høye E., et al. 2020. MirGeneDB 2.0: the metazoan microRNA complement. Nucleic Acids Research, 48(1): 132-141.

Geourjon C., Deleage G. 1995. SOPMA: significant improvements in protein secondary structure prediction by consensus prediction from multiple alignments. Bioinformatics, 11(6): 681-684.

Gruber A. R., Lorenz R., Bernhart S. H., et al. 2008. The vienna RNA websuite. Nucleic acids research, 36(2): 70-74.

Guindon S., Dufayard J. F., Lefort V., et al. 2010. New algorithms and methods to estimate maximum-likelihood phylogenies: assessing the performance of PhyML 3.0. Systematic biology, 59(3): 307-321.

Guo Z., Kuang Z., Wang Y., et al. 2020. PmiREN: a comprehensive encyclopedia of plant miRNAs.

Nucleic acids research, 48(1): 1114-1121.

Hoff K. J., Stanke M. 2013. WebAUGUSTUS—a web service for training AUGUSTUS and predicting genes in eukaryotes. Nucleic acids research, 41(1): 123-128.

Huelsenbeck J. P., Ronquist F. 2001. MRBAYES: Bayesian inference of phylogenetic trees. Bioinformatics, 17(8): 754-755.

Jason K. 2010. Python for bioinformatics. Sudbury: Jones & Bartlett Publishers.

Kanehisa M. 1997. Linking databases and organisms: GenomeNet resources in Japan. Trends in biochemical sciences, 22(11): 442-444.

Katoh K., Standley D. M. 2013. MAFFT multiple sequence alignment software version 7: improvements in performance and usability. Molecular biology and evolution, 30(4): 772-780.

Kent W. J. 2002. BLAT—the BLAST-like alignment tool. Genome research, 12(4): 656-664.

Kouranov A., Xie L., de la Cruz J., et al. 2006. The RCSB PDB information portal for structural genomics. Nucleic acids research, 34(1): 302-305.

Kozomara A., Birgaoanu M., Griffiths-Jones S. 2019. miRBase: from microRNA sequences to function. Nucleic acids research, 47(1): 155-162.

Lemoine F., Correia D., Lefort V., et al. 2019. NGPhylogeny.fr: new generation phylogenetic services for non-specialists. Nucleic acids research, 47(1): 260-265.

Letunic I., Bork P. 2007. Interactive Tree of Life (iTOL): an online tool for phylogenetic tree display and annotation. Bioinformatics, 23(1): 127-128.

Masoudi-Nejad A., Tonomura K., Kawashima S., et al. 2006. EGassembler: online bioinformatics service for large-scale processing, clustering and assembling ESTs and genomic DNA fragments. Nucleic acids research, 34(2): 459-462.

Mistry J., Chuguransky S., Williams L., et al. 2021. Pfam: the protein families database in 2021. Nucleic acids research, 49(1): 412-419.

Nicholas K. B. 1997. GeneDoc: analysis and visualization of genetic variation. Embnew. news, 4: 14.

Quevillon E., Silventoinen V., Pillai S., et al. 2005. InterProScan: protein domains identifier. Nucleic acids research, 33(2): 116-120.

Rangwala S. H., Kuznetsov A., Ananiev V., et al. 2021. Accessing NCBI data using the NCBI sequence viewer and genome data viewer (GDV). Genome research, 31(1): 159-169.

Reuter J. S., Mathews D. H. 2010. RNAstructure: software for RNA secondary structure prediction and analysis. BMC bioinformatics, 11(1): 1-9.

Skinner M. E., Uzilov A. V., Stein L. D., et al. 2009. JBrowse: a next-generation genome browser. Genome research, 19(9): 1630-1638.

Solovyev V., Kosarev P., Seledsov I., et al. 2006. Automatic annotation of eukaryotic genes, pseudogenes and promoters. Genome biology, 7(1): 1-12.

Stein L. D. 2013. Using GBrowse 2.0 to visualize and share next-generation sequence data. Briefings in bioinformatics, 14(2): 162-171.

Tamura K., Stecher G., Kumar S. 2021. MEGA11: molecular evolutionary genetics analysis version 11. Molecular biology and evolution, 38(7): 3022-3027.

Thorvaldsdóttir H., Robinson J. T., Mesirov J. P. 2013. Integrative Genomics Viewer (IGV): high-performance genomics data visualization and exploration. Briefings in bioinformatics, 14(2): 178-192.

Waterhouse A., Bertoni M., Bienert S., et al. 2018. SWISS-MODEL: homology modelling of protein structures and complexes. Nucleic acids research, 46(1): 296-303.

Xia J., Gill E. E., Hancock R. E. 2015. NetworkAnalyst for statistical, visual and network-based meta-analysis of gene expression data. Nature protocols, 10(6): 823-844.

Yang J., Yan R., Roy A., et al. 2015. The I-TASSER suite: protein structure and function prediction. Nature methods, 12(1): 7-8.

Yu Y., Ouyang Y., Yao W. 2018. shinyCircos: an R/Shiny application for interactive creation of Circos plot. Bioinformatics, 34(7): 1229-1231.

Zhou G., Soufan O., Ewald J., et al. 2019. NetworkAnalyst 3.0: a visual analytics platform for comprehensive gene expression profiling and meta-analysis. Nucleic acids research, 47(1): 234-241.

本书示范案例中使用的主要数据库

EMBL-EBI，https://www.ebi.ac.uk/

miRBase，https://mirbase.org/

MirGeneDB，https://www.mirgenedb.org/

NCBI，http://www.ncbi.nlm.nih.gov/

NGDC，https://ngdc.cncb.ac.cn/

Pfam，http://pfam.xfam.org/

PmiREN，https://pmiren.com/

TAIR，https://www.arabidopsis.org/